为师传道解惑

教性能测试

学性能测试

用技术提升能力

云层天咨全栈测试系列

LoadRunner12
七天速成宝典

陈霁◎著

学习软件性能测试秘籍

HTML、CSS、JavaScript、
PHP、JAVA、Mysql、Oracle、
监控工具……

人民邮电出版社

北京

图书在版编目（CIP）数据

LoadRunner 12七天速成宝典 / 陈霁著. -- 北京：
人民邮电出版社，2016.12
ISBN 978-7-115-43734-1

Ⅰ. ①L… Ⅱ. ①陈… Ⅲ. ①性能试验－软件工具
Ⅳ. ①TP311.561

中国版本图书馆CIP数据核字(2016)第270892号

内 容 提 要

　　本书以生动的情境对话方式，通过本书主角云云教恋恋学习性能测试的故事，诙谐幽默地把性能测试学习中的各个难点用简单的生活案例讲解出来，是学习性能测试入门知识的一个不可多得的好教材。本书的主要内容为：LoadRunner（缩写 LR）环境部署、环境搭建之虚拟机配置、安装 LoadRunner、第一个性能测试案例、解决乱码、参数和变量设置、第二个性能测试案例、结果分析及报告、关联、业务、分析业务、第三个性能测试案例、事务状态、检查点函数、手工事务、集合点、第四个性能测试案例、性能需求、性能测试方案、设计性能测试、性能分析、性能分析模型、后端开发基础、简历和面试等。

　　本书适合作为软件测试从业人员、软件测试初学者的学习用书，也可以作为大专院校相关专业师生的学习用书和培训学校的教材。

◆ 著　　　　　　陈　霁
　　责任编辑　　张　涛
　　责任印制　　焦志炜

◆ 人民邮电出版社出版发行　　北京市丰台区成寿寺路 11 号
　　邮编　100164　　电子邮件　315@ptpress.com.cn
　　网址　http://www.ptpress.com.cn
　　北京鑫正大印刷有限公司印刷

◆ 开本：800×1000　1/16
　　印张：14.25
　　字数：304 千字　　　　　　　　2016 年 12 月第 1 版
　　印数：1－3 000 册　　　　　　2016 年 12 月北京第 1 次印刷

定价：59.00 元
读者服务热线：(010)81055410　印装质量热线：(010)81055316
反盗版热线：(010)81055315

推荐序一

2016 年 9 月下旬的一个下午，我收到一条来自云层（作者的网名）的微信，他兴奋地告诉我关于性能测试入门的新书要面世了，也终于要接受读者们审阅啦。微信中云层希望我能先看看他的新书内容，并且为新书作序，我爽快地答应了。回想起来我和云层也认识快十年了，我们俩是在 Gameloft 相识的，那个时候云层已经是 QA Manager，我们俩空闲的时候会经常探讨些关于测试领域的相关技术，自动化测试和性能测试会是谈论的重点。早期手机是 kjava 平台的机器，那个时候的手机游戏或者应用测试更多的是侧重于功能性和中断性测试为主，性能测试方面会涉及比较少，但是，那个时候云层和我已经预见到了智能手机时代的到来，必定会超过 PC，性能测试这块对技术的要求也会越来越高，因为手机可以随时随地带着并且使用，对于碎片时间的使用效率极高，任何性能的问题都有可能造成 App 对用户使用体验的伤害，所以，云层在这方面的研究花了很多的时间和精力，在做培训讲师的时候主攻的就是这块技术，自己开始创业了也是在这方面深挖，希望给性能测试的就业者带来更大的价值。

由于本人一直处于创业阶段，只能用"碎片时间"来快速阅读这本新书，虽然时间很紧，但是我还是被本书诙谐幽默的对话方式写作给吸引了，这种方式其实对于一些性能测试的新手来说是极其容易上手的，短短 7 天就能让初学者快速上手软件性能测试，对于性能测试初学者来说，是一本不可多得的好书，真心祝愿读者能从本书中受益，云层加油！

粉粉日记创始人　李伟

推荐序二

陈老师来厦门创业之初，我和我们的 HR 同事多次与陈老师进行沟通，想邀请他加入网龙测试团队。其实在和陈老师沟通之前，我就读过他的前几本著作，有不少的启发和收获。无奈，一番"威逼利诱"也未能改变陈老师创业的决心，只好作罢。

最近我受陈老师的邀请到厦门、上海等地参加过几次测试圈子的活动，多次接触后越发感受到陈老师扎实的技术功底和严谨的治学态度。软件测试作为软件产品质量把控的最后一道防线，正需要传播正能量的技术专家和专业教练的参与。

掌握专业的性能测试技能，从而在职场中获得更大的竞争优势，一直以来都是众多软件测试人员的奋斗目标。但是性能测试对业务知识、代码编写能力、工具使用等方面均有较高的要求，所以学好、做好性能测试是一件比较困难的事情。陈老师之前的几本著作都是从专业的角度，解析性能测试工作中的障碍和工具使用等，而真正意义上的性能测试入门指导应该是从本书开始的。在技术灌输和思路梳理两者之间，陈老师这次选择了后者。

技术类的知识只要肯花时间一般都比较容易掌握，真正比较难理解的是做事情的思路。很多测试人员对性能测试的理解就是操作工具记录一下结果，但这样肯定是做不好的。一个合格的软件测试人员不但要能够熟练操作工具，还要能理解每一步操作背后的目的和意义，根源上的理解才能从根源上发现产品的质量问题。

思路、全局观和责任心是我们作为产品质量保障工作者最好的"利器"。没有思路，测试工作只剩下无序的执行；没有全局观，测试工作会变成拆东墙补西墙的一团糟；没有责任心，更是无法胜任这一工作岗位。建议每一位刚走上软件测试岗位的朋友，给自己一点时间，暂时性地放空自己的大脑，拿起这本书，跟着陈老师的思路一起来入门性能测试！

网龙网络公司 软件测试总监　陈永康

推荐序三

性能测试是当今软件测试领域中最热门也最有发展前景的几个方向之一。发展前景是一个现实的考虑，性能测试工程师毫无疑问是测试职业中最高大上的一个分支，深度的性能探索几乎可以和高薪划等号。热门则是因为其技术体系本身的复杂庞大带来的神秘感和趣味性吸引很多人的关注。这，是您阅读本书最重要的一个原因。

关于其技术体系，具体来说，性能测试有针对客户端的，也有针对服务器端的，还有连接二者的桥梁——网络和协议。客户端分为 PC 端和移动端（手机或平板电脑），除了硬件自身的性能需要考量，还有前端各项技术的结合。以最流行的 Web 性能测试为例，前端里包括了渲染引擎以及各种前端开发涉及的知识，如 HTML/JavaScript/CSS。而服务器端又跟系统紧密相关，此外也包括数据库、服务器软件等因素。总而言之，完美的性能预期要取决于完美的软、硬件配合和合理的性能规划。如果您觉得这些理解起来略有困难，不要紧，这本书的开篇会以零基础的视角把您引进门，假如您已经迫不及待，请立即跳过我的序。

工欲善其事，必先利其器。服务器端的性能测试利器中最有名的当属 LoadRunner 和 JMeter。前者是商用工业级，后者是开源界的翘楚。前者大而全，后者简而美，很难分个高下。不过所幸的是，两者的原理基本相同，只要你了解 LoadRunner 的本质，任何其他工具在您手里都会得心应用。

有了行业、技术、工具的选择，接下来您一定会问：这么火爆的市场，这么热门的方向和工具，那想必市面上的书籍也早已琳琅满目，到底该选哪一本？每个行业都有自己的品牌，喝可乐会想起可口可乐，打篮球会想起乔丹，用手机会想起 iPhone……性能测试行业的品牌大家稍微用百度搜索一下就可以知道，云层是测试界里的大牛。

云层的风格就是用平民化的思维，流行的词语，落地的实例——让大家去掌握一门高深的学问的同时，不感觉到内容深奥晦涩，反而犹如庖丁解牛、抽丝剥茧般，让您轻而易举快速掌握内在原理和实战技巧。

您一定还有最后一个问题：云层写了不止一本书啊！该选哪本呢？呵呵！这么说吧，一本是"满汉全席"，一本是"清粥小菜"，如果你还没有进过测试这个门，建议您先试吃一下这道前菜——这道前菜不仅开胃，而且也能吃饱。最后祝每一个学习的人快乐！

腾讯 T3 高级工程师　宋锋

推荐序四

与云层相识 8 年多了，2008 年我和云层在一个专业性能测试 QQ 群中因对测试技术观念相似而相识，但一直没有谋面。2014 年他终于踏入厦门这片热土建立属于自己的培训公司"云层天咨"，在见面闲聊行业技术领域知识时有相见恨晚的感觉，通过这两年多的长期接触交流，了解到他对行业测试领域技能领悟颇深，而且在多次参与他们公司举办的各类技术沙龙时，发现他在讲台演讲时，虽无古代战场之三军统帅帐内点将布阵之意气风发，但也有对行业各类技术问题快刀切水果之快感。

云层追求测试技术研究坚持不懈，十多年如一日。最好的人生就是进入自己擅长的领域，从事自己热爱的事业，见识行业里最顶尖的人，领悟他们的生活、学习方式，立下目标，并在未来的日子里，努力实现它，或许云层就是这类人。他在测试领域，如测试管理、功能测试、自动化测试、性能测试等都有深入的研究，而这些知识的融会贯通使得云层在解决企业测试问题上更加顺畅，而且在协助企业解决性能故障问题方面从操作系统出发，延伸到数据库、中间件、应用代码、存储配置、网络部署等疑难问题，犹如庖丁解牛，游刃有余，毕竟，"冰冻三尺非一日之寒"，这与他对测试技能的专业、执着研究十年如一日有关。

他在培训工作中或协助企业解决技术难题时，总会善于分析归纳总结经验，掌握规律、运用规律，让学员或者企业人员在工作实施技术方面做事更顺。例如，这次云层所写此书总结了他这几年的培训经验，为学员制定有价值的学习方向，让学员快速入门并能学有所得能在企业及时运用得当，并能让测试人员更好地体现测试价值。相信此书能让更多的性能测试初学者改变以往学习枯燥的感觉，能用快乐的方式去体验学习过程，而不再是感觉乏味。更能让读者全心地投入到学习中，享受学习带来的快乐。

郭柏雅（网名：泊涯）

高伟达软件股份有限公司　测试部经理　性能技术专家

《性能测试诊断分析与优化》作者

推荐序五

云层是进入性能测试行业较早的、同时又具有较深造诣的佼佼者，在推动性能测试行业发展出了不少力，本人也拜读过他的另外两本性能测试书籍：《性能测试进阶指南》《性能测试进阶指南——LoadRunner 11 实战》，文笔诙谐、通俗易懂、条理清晰、紧扣主旨。其口碑与销量已经说明一切，一度供不应求，成为广大性能测试从业人员的工具用书。大家有理由期待、相信云层的此次力作将一如继往地优秀。

闻道有先后，术业有专攻，对于准备从事性能测试的从业者来说，早进入早受益；学习是一个长期的过程，学习方法、学习路线、学习资料是重要因素，更重要的是能够保持长期的学习状态。对于初学者来说往往在入门阶段不容易坚持下来，多数技术书籍都是枯燥的，专业术语让人雾里看花。实际上对于性能测试初学者来说，他们需要一本容易入门的书籍，帮他们打开一扇窗，大道理简单讲，寓学于乐。

针对于此，云层用通俗、轻松、诙谐的语言来叙述这些枯燥的技术知识，读者在读故事的过程中就把知识学习了，这绝对是初学者喜爱的作品。

有缘才能相见，有心才能成功；有心致力于性能测试的从业者看到云层此书应该算是一种缘份。咱们初学者就像书中的主角恋恋，挤出 7 天的时间对大家来说应该不是一个难题。云层也将不负你所望把你当着恋恋来教学。赶紧投入进来，用心去学习，机会是给准备好的你。

此书的读者对象为有意从事性能测试的初学者，让初学者快速入门，学完此书后建议选购云层的《性能测试进阶指南——LoadRunner 11 实战》继续深入学习。

平安付　性能测试负责人　天胜

业界热评

开发过程中需要对系统进行性能测试，当去实践的时候发现做性能测试并不是以往想象的那么简单。性能需求分析、测试用例设计、开源工具使用等都很考究，思维错了等于白干，工具用得好事半功倍。报告写得好不仅能够把测试出来的问题描述清楚，更能让领导和同事看到你的工作成果。

本书以情景对话形式来讲述性能测试的知识，覆盖基础入门、脚本开发和结果分析、报告等。IT 技术书籍给人印象就是晦涩难懂，而阅读本书轻松愉悦。如果你想了解性能测试，并且立即就需要做性能测试，本书是不二之择。

如果能早日阅读本书，我做性能测试的时候也不至于那么辛苦了，也迫不及待地期待本书的正式发行。

小米专项测试负责人　李志超

一本好书，通读后如醍醐灌顶，给人一种寓教于乐的感觉；知识点涵盖全面，深入浅出地通过各种比喻手法把性能测试知识简化到便于理解；章节内容清晰，对话诙谐幽默，知识点犹如工作中切合实际的场景。无论对于初学者还是有工作经验的人，都有实际的指导意义，能快速地在原有的性能测试知识基础上得到提升。

上海春秋国际旅行社（集团）有限公司测试经理　高振华

本书通过介绍最新版的 LoadRunner 作为基础，为初学者设计了一个完整的从零开始的知识体系和学习思路，将晦涩难懂的概念通过互动的交流方式体现，避免了初学者在网上搜索内容导致的认知混乱、概念错误等问题。书中以幽默风趣的生活故事讲解了性能测试中各种常见问题的原理及解决思路，真正把初学者关心的知识点都完美地诠释了，本书中主角高情商的恋恋加上会分析的云云，更加强了此书籍的可读性、趣味性，让读书不再枯燥，轻松愉快，堪称新手"宝典"。

世纪天成　平台研发中心　技术主管兼安全负责人　朱佳杰

借用云层书中的一段话"性能测试一年入门、三年小成、大成无望"，说起来有点凄凉，其实里面有很多复杂的因素：

一方面好的性能测试人员需要对软件基础架构、应用架构中涉及的网络设备、系统软件的原理要比较清楚；另一方面还需要清楚地知道应用软件与系统软件如何配合工作，最终映射到系统软、硬件资源的消耗上。

本书采用情景对话的方式，用诙谐而又严谨的方式分步阐述性能测试中的各个知识要点，将非常复杂的性能测试关键脉络深入浅出地梳理出来。看完这本书，我相信大家会有："一入性能深似海，从此休息是路人"的想法。但是，本书另外一方面也展开了性能测试所需要的知识图谱，从而为初学者树立了正确清晰的学习目标，作为入门来说这是重要的一步。

最后，希望大家都喜欢这本书，都喜欢云层。在自己的人生漫漫长路中且行且思考。

饿了么　资深性能测试工程师　张彦松

前言

本人写过很多与 LoadRunner 相关的性能测试图书（《性能测试进阶 LoadRunner 实战》系列），也上过很多有关性能测试进阶的课程（专项提升及企业内训），从读者和学员的反馈中我发现，学习测试的人员大多存在的问题都是出现在入门基础上，例如，由于错误的测试环境部署致使测试不成功；对概念理解不到位，导致知其然不知其所以然等。以至于许多学习性能测试的初学者看了许多书却无法入门，更谈不上进阶成为软件测试高手了。

基于此，我特意创作了一本帮助初学者轻松入门的书，通过"把复杂的性能测试问题通俗化讲解，通俗化讲解后的问题实例化说明"的写作方式，让读者易学、易用，真正帮助读者进入测试实战角色。本书以书中主角云云给恋恋辅导学习软件性能测试知识为线索，将软件性能测试中最关键、最基础的核心内容以诙谐幽默的语气表达出来，读者在阅读过程中没有教科书般的枯燥感，而是在风趣、轻松的环境下，最终达到学习和掌握软件性能测试的目的。

在此，感谢人民邮电出版社能够提供这样的机会，能够让我全身心地把所了解的软件性能测试技术和知识，通过这样一个轻松，又略带口语化的方式表达出来，让读者每一次翻阅都能为之一笑并有亲近的感觉。

本人水平有限，书中存有错误在所难免，诚请广大读者阅读后给出指正，以便修订完善，编辑联系邮箱 zhangtao@ptpress.com.cn。

作者

加入 QQ 群参与更多学习讨论

了解更多全栈测试请扫描二维码

目　　录

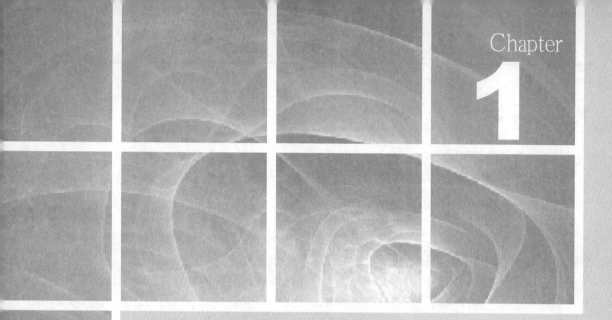

第一天

1.1　开始

恋恋：教我性能测试吧！

云云：怎么突然对性能测试感兴趣？

恋恋：感兴趣就感兴趣，还需要什么理由啊！

云云：一定是有啥原因，老实交代！

恋恋：昨天有猎头找我，有一家很不错的外企在招聘性能工程师，你也了解我，平常都在做功能测试，但是性能测试是短板，你是专家，当然请教你。

云云：原来如此，那专门为你设计一个七日速成法吧，应该可以及时赶上面试，不过这七天可是"非人"的待遇哦，要做好心理准备。

恋恋：行啦，我知道你有办法的，快点开始吧，中午给你做你最爱吃的红烧肉。

云云：你对性能测试有什么理解啊？

恋恋：没什么理解，性能测试就是测试性能啊，功能测试，就是对比与需求是否一致，那么性能测试该怎么做？

云云：简单来说，性能测试和功能测试没什么区别，本质上都是系统测试的一部分，所以性能测试也是用来对比需求的。比如……

恋恋（插话）：性能也是需求啊，是不是说做性能测试就是核对软件的性能是否符合需求规格说明书的要求，如果符合，性能测试就能通过，否则不通过？

云云：聪明。从某些角度来说，性能测试确实是这样做的。还记得前几年国庆的时候我国嫦娥二号吧，上面搭载的月球成像系统达到了 7 米*（*所携带的 CCD 相机的精度也由之前的 120 米的分辨率提高到 7 米以内，分辨率提高了 17 倍。也就是说，相机"聚焦"精确度提高了 17 倍。http://msn.ynet.com/view.jsp?oid=69616602）的识别精度，这就是一个典型的性能结论，不过我们的需求可是希望更加精确哦，要达到 1 米甚至 1 厘米，但是这个需要有技术前提的，不是你随便想个需求就一定要达到的。你做需求评审时难免会遇到客户乱提需求的情况。

恋恋：有些客户并不懂技术，对我们的界面和业务指手画脚，导致后期总是加班，更让人不可接受的是，明明没必要这样做，客户非要我们做到，结果辛辛苦苦做了个模块，用户基本上都不用，使项目还延迟了好几天才结束。

云云：所以做性能测试的关键还是需求，当拥有一个正确的需求时，性能测试就很简单。

恋恋：怎么又被你拉到理论上去了，我要学习具体怎么做性能测试，你讲的这个面试官不看啊！

云云：别急啊，我正要给你说性能测试怎么做呢，刚才我们确认了性能测试是系统测试的一部分，并且性能测试要验证需求，那么接着我们就能执行性能测试了！你先做 30 个深蹲！

恋恋：干嘛，这个和性能测试有啥关系？

云云：你做完就知道了。

恋恋花了 60 秒完成了 30 个深蹲，后面几个颇为吃力。

恋恋（气喘吁吁）：好累，我做完了你该给我说答案了吧。

云云：刚才我给你做了个负载测试，我预估像你这样做 Office Lady 大概能做 35 个左右的深蹲。你在做第 12 个深蹲时呼吸开始加速，手开始发力，到第 20 个的时候呼吸急促，做每个深蹲的时间开始变长，你最后做的两个一共花了 15 秒才做完，我给你做了一个负载图，如图 1-1 所示。

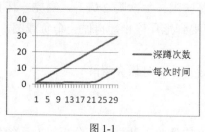

图 1-1

我发现你在做第 22 个深蹲时出现了明显的"性能拐点"，如果我设置做每个深蹲可以接受的最长时间是 8 秒的话，那你在做 29 个的时候已经不合格了，后面的做了也没用。所以说你平常做 20 个深蹲不用花多少力气，但是按照现在的情况不加锻炼的话，那么也就做 30 个左右，还是在你发挥好才行。

恋恋：额，最近很久没运动了，不过你这样一说我觉得有道理，这样就是性能测试吗？

云云：没错，我通过负载测试得到了你在这个业务（深蹲）上的负载模型，其中包括你的"性能拐点"和"有效峰值"，而实施的方式就是让你按照这个业务做一次。

恋恋（一脸无辜）：为了得到一个负载测试结果，你就这样折腾我，一点都不怜香惜玉。

云云：还好我没进行压力测试，否则你不扒了我的皮。

恋恋：压力测试是什么？快说，否则我真地扒了你的皮！

云云：额，压力测试和负载测试最大的区别在于操作过程是否达到极致。

恋恋：是不是你想让我一直做深蹲，做到做不动为止啊？

云云：这个还不算压力测试，真正的压力测试是让你背着家里的米袋做深蹲，而且一旦做不到一百个就要赐白丝巾（古代皇帝赐给白丝巾好像都是给自缢的）。

恋恋（动手）：原来你蓄谋已久啊！

云云：这就是压力测试。压力测试就是测试系统在超负荷的情况下能不能正常工作。负载测试是为了得到正常情况下的数据，而压力测试就是为了得到非正常情况下的数据，如失效点，这样可以未雨绸缪的对系统负载进行监控，防止系统出现瘫痪的情况。像在某个假日期间，新闻报道从内蒙古到北京的高速公路堵了一百多公里，这个就是压力测试得到的结果。以后修路就明白，这条路负载很高，一旦出现进京的瓶颈，堵塞情况就会很严重。应该提前分流，确保道路正常通行。好比广州亚运会期间的单双号限行策略，就是为了避免出现车辆过多导致的公路超负荷，最终导致交通瘫痪的事故发生。

恋恋（若有所思）：怪不得下雨天上班路上就特别堵啊，原来是压力测试哦。我明白负载测试和压力测试的区别了，接着呢？

云云：明白压力和负载的区别就好办了，我们做性能测试首先要按照以下几个步骤来做。

（1）需求是什么样的，我们希望证明满足需求的标准是什么。

（2）负载的模型，我们需要做什么样的操作和什么样的量。

（3）监控负载中我们关心的数据，便于分析。

（4）整理数据确认结论是否能够满足需求，另外有没有调优的空间。

（5）满足需求结束性能测试，否则进行调优，并从步骤（1）重新开始。

你现在给我先想两个性能测试的需求和实施负载模型，一个负载测试一个压力测试。

恋恋（沉思，很快露出了诡异的笑容）：帅哥，今天中午我们开瓶酒吧，我还不知道你到底能喝多少呢。先来个负载测试，我们就喝白酒，按小杯来喝，每次喝 2 毫升，喝完一杯我问你一个 10 位以内的加减乘除，看你的反应时间，一直喝到半斤停止，再做一个负载图。

云云（无语）：那压力呢？

恋恋：那更简单了啊，白酒、啤酒、红酒一起喝，看你什么时候会喝醉！

云云：完全正确。这个就别实施了吧。

恋恋：这样说性能测试比较简单的。

云云：现在就开始翘尾巴了啊，你知道软件测试怎么实施吗？数据怎么分析吗？系统怎么调优吗？这些东西没几年根本搞不懂的。

恋恋：额，那快教我吧，怎么实施，怎么分析，怎么调优。

云云：说了那么多不累啊，先去喝口水。

 小结

理解性能测试中的负载测试和压力测试的区别，能够独立地设计一些简单的负载测试和压力测试模型。

云云：（喝完果珍）：好，我们接着说性能测试。从你初学的角度来说，做性能测试是很困难的，因为你要做一个模拟，模拟大量用户对系统进行使用，从而达到性能负载，再评价系统能否满足用户需求，所以这个东西光靠人是没法做的。

恋恋（点头）

云云：如你经常上的大众点评或者淘宝，这样的网站随时都有几十万甚至更多的用户在访问，如果没有性能测试的评估，估计刚上线就瘫痪了，而我们做性能测试的时候就要模拟更多用户，这个就不能发动人来做了。

恋恋：看得少没啥印象。

云云：中国以前拍电影可都是真人拍的，像那种大场面要发动成千上万的群众演员来参加，而外国的电影呢？你回想一下很多电影，那么大的场面，比如指环王 3 里面的决战。

恋恋：是哦，人家全是电脑动画呢，你看阿凡达里面的怪物都是虚拟的。

云云：这就对了，虚拟出来的成本相对于真实的东西低很多，如果真有阿凡达里面的怪物，要请出来拍戏，嘿嘿，估计没人敢一起拍。所以性能测试要使用低成本的方式来模拟用户操作工具就很必要。

恋恋：是不是可以开始说 LoadRunner 了啊。

云云：性能测试工具有很多，LoadRunner 只是里面的一个而已，只不过是它方便一点，界面好一点，学习的人多一点，资料多一点，所以大家都用它，但是不代表性能测试就只用这个工具啊。除了 LoadRunner，还有 Jmeter、OpenSTA、VSTS*（*该开发工具的测试模块中提供了 Web 测试和负载测试功能）、ApacheAB、Curl……

恋恋：不管，LoadRunner 方便，大家都用，对我来说只要学会它就行了。而且对我来说你也是唯一，对吧。

云云（赶快附和）：是啊是啊。

恋恋：那么给我讲怎么用 LoadRunner 吧。

云云：别急，在使用前我们还要先搭建环境。首先给你介绍一下虚拟机。

恋恋：虚拟机是什么东西？

云云：虚拟机算是一种 Sand Box（沙盘）一样的东西，它能在你的操作系统或者是硬件上搭建一个平台，这个平台可以虚拟新的电脑，不太容易说明白，直接上机操作教你吧。

1.2 环境搭建之虚拟机系统

云云：这里我要给你介绍两种虚拟机，一个比较常见的 VMware 还有一个是 Hyper-V，这两个各有优点。

VMware 是一个"虚拟 PC"软件，它的产品可以使你在一台机器上同时运行两个或更多 Windows、DOS、Linux 系统。与"多启动"系统相比，VMware 采用了完全不同的概念。"多启动"系统在一个时刻只能运行一个系统，在系统切换时需要重新启动机器。VMware 是真正"同时"运行，多个操作系统在主系统的平台上，就像标准 Windows 应用程序那样切换。而且每个操作系统你都可以进行虚拟分区、配置，而不影响真实硬盘的数据，你甚至可以通过网卡将几台虚拟机用网卡连接为一个局域网，很方便。但安装在 Vmware 上的操作系统性能比直接安装在硬盘上的低不少，因此，比较适合学习和测试。

VMware 产品主要的功能有。

（1）不需要分区或重启就能在同一台 PC 上使用两种以上的操作系统。

（2）完全隔离并且保护不同 OS 的操作环境以及所有安装在 OS 上面的应用软件和资料。

（3）不同的 OS 之间还能互动操作，包括网络、周边、文件分享以及复制和粘贴功能。

（4）有复原（Undo）功能。

（5）能够设定并且随时修改操作系统的操作环境，如内存、磁盘空间、周边设备等。

（6）热迁移，高可用性。

1. VMware 主要的产品

VMware 是提供一套虚拟机解决方案的软件公司，主要产品分为如下 3 个。

（1）VMware-ESX-Server

这个版本并不需要操作系统的支持，它本身就是一个操作系统，用来管理硬件资源。所有的系统都安装在它的上面，带有远程 Web 管理和客户端管理功能。

（2）VMware-GSX-Server

这个版本就要安装在 HOST OS 这个操作系统中，HOST OS 可以在 Windows 2000 Server 以上的 Windows 系统或者是 Linux（官方支持列表中只有 RH、SUSE、Mandrake 很少的几种）和 VMware-ESX-Server 一样带有远程 Web 管理和客户端管理功能的系统中运行。

（3）VMware-WorkStation

这个版本和 VMwareGSX-Server 版本的结构是一样的，也要安装在一个操作系统下，需要 Windows 2000 以上或 Linux 操作系统支持。与 VMware-GSX-Server 的区别在于没有 Web 远程管理和客户端管理的功能。

2. Vmware 的特点

除了为连接到网络适配器、CD-ROM 读盘机、硬盘驱动器，以及 USB 设备的访问提供了桥梁外，VMware 工作站还提供了模拟某些硬件的能力。例如，能将一个 ISO 文件作为一张 CD-ROM 安装在系统上、能将.vmdk 文件作为硬盘驱动器安装，以及可将网络适配器驱动程序配置为通过宿主计算机使用网络地址转换（NAT）来访问网络，而非使用与宿主机桥接的方式（该方式为：宿主网络上的每个客户操作系统必须分配一个 IP 地址）。

VMware 工作站还允许无须将 LiveCD 烧录到真正的光盘上和重启电脑，而对 LiveCD 进行测试，并捕获在 VMware 工作站下运行的某个操作系统的快照，使每个快照可以用来在任何时候将虚拟机回滚到保存的状态。这种多快照功能使 VMware 工作站成为销售人员演示复杂的软件产品、开发人员建立虚拟开发和测试环境的非常流行的工具。VMware 工作站包含有将多个虚拟机指定为编队的能力，编队可以作为一个物体来开机、关机、挂机和恢复—这使 VMware 工作站在用于测试客户端-服务器环境时特别有用。VMware 公司新的企业级服务器和工具产品，正在使"将旧的生产服务器移植到虚拟机"的做法开始流行，这种做法能几乎不费力地将多个旧式服务器集装到一个单个的新宿主计算机中。

截止到 2016 年 4 月 VMware Workstation 的最新版本是 12，可以在 VMware 官方网站（https://www.vmware.com/cn/）获得 30 天的免费评估试用。

恋恋：我的笔记本电脑是 Windows 7 操作系统，听说有很多软件不兼容，VMware 上可以使用么？

云云：VMware 12 支持 Windows 7，放心下载安装吧。

恋恋：好的，对了，那另外一个 Hyper-V 是什么？

云云：Hyper-V 是微软提出的一种系统管理程序虚拟化技术。简单说，你安装 Windows 2008 R2 就可以了，里面自带 Hyper-V 2.0，而且可以评估使用 180 天。

恋恋：下载好慢，总不能就这样等吧。

云云：嗯，下载先开着，现在给你讲些原理。一般我们做性能测试关注 3 点。

（1）Response Time（响应时间）

响应时间比较好理解，就是指做一件事情所需要消耗的时间。这里有一个专有名词叫做 Transaction Time（事务时间），我们可以通过事务函数完成对某个或某些操作的时间记录，简单说就是时间差的统计。一般来说响应时间越短说明性能越好。

（2）Transaction Per Second（事务每秒数/吞吐量）

光有上面的响应时间还不够，现在的系统都是多进程、多线程的，所以不但要求单个操作快，还要求能够支持多个操作同时处理。一般来说吞吐量越大性能越好。

（3）Resources（资源利用率）

最后我们要求在资源的使用上面尽可能少，这样系统就能多拉快跑还"环保"。

恋恋（若有所思）：理论上听得懂，但是要结合实际就很难了。

云云：在上海你觉得上班坐什么交通工具最节能啊？

恋恋：走路！

云云：你走路给我上班试试！

恋恋：走路是比较节能啊。

云云：我说交通工具，好好回答。

恋恋：那么肯定是地铁，你看地铁不但开得快，而且可以装好多人，又是用电的。

云云：这不就符合了性能测试关注的 3 点么，响应时间短、吞吐量高和资源利用率高。

恋恋：那么性能不好是哪些原因导致呢？

云云：Good Question！其实导致性能瓶颈的可能性很多，但是归结起来就是如下几大类。

（1）硬件资源

硬件资源是我们最先考虑到的问题，如上班的时候总是堵车就是因为道路不够宽，如果道路足够宽，自然就不会出现拥堵的情况了。解决瓶颈的最简单方法就是更新硬件，一般来说所有的性能问题都能通过更新硬件资源来解决。

（2）操作系统

硬件的升级是有一定上限的，因为它受到操作系统管理能力的影响。操作系统提供了对硬件的管理和支持，合适的操作系统才能完全发挥硬件的性能。如你的电脑的内存已经达到了 4GB，那么 64 位操作系统是你最好的选择，因为 32 位操作系统已经无法管理 4GB 内存了。

（3）数据库

数据库是现代操作系统不可或缺的组成部分之一。很多大型系统的性能瓶颈往往是在数据库上，因为大量的数据读写对系统产生的磁盘读写和计算要求非常高。一个合适的数据库和数据库上的数据存储方式都会影响最终的数据查询或者写入性能。

（4）应用服务器

不同的应用服务器处理不同的语言会有效率上的区别。

（5）代码

代码起初主要强调的是算法，而现在更多的是强调并行化，将传统的循环变为并行循环就可以提升代码执行的效率。当然这里和开发语言也有一定的关系，越是低级语言性能越好，但是开发效率和难度也随之上升。

恋恋：数据库上面好像有 Store Procedure（存储过程）吧，听说这个东西的性能比直接写 SQL（结构化查询语言）要快很多。

云云：嗯，因为存储过程是在数据库上的预编译代码，这样比你直接将 SQL 语句发送到服务器上，再让服务器编译执行会快不少，而且对于负载的 SQL 语句来说，调用存储过程会节约不少的带宽。

恋恋（头晕状）：好复杂啊，不懂，我还是去烧红烧肉吧。

云云：等 VMware 下载吧。

 小结

> 掌握虚拟机技术的概念及常见的性能测试关键指标，了解测试环境搭建的重要性、常见的性能测试工具及瓶颈。

云云：中午的红烧肉真好吃啊。

恋恋：吃饱喝足了吧，好像 VMware 也下载好了，可以安装喽。

云云：好，接着我们来安装 VMware，在 Windows 7 下安装软件最好关闭 UAC 或在安装时通过使用右键菜单中的管理员权限运行，可以避免很多问题。

在 Windows 7 中关闭 UAC 的方法：

打开控制面板下的操作中心，单击左侧的"更改用户帐户控制设置"，如图 1-2 所示。

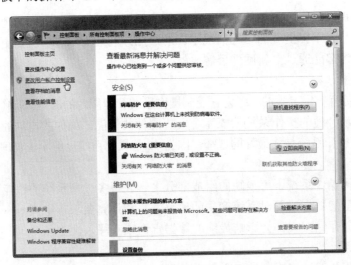

图 1-2

在弹出的窗口中，将设置关闭，如图 1-3 所示。

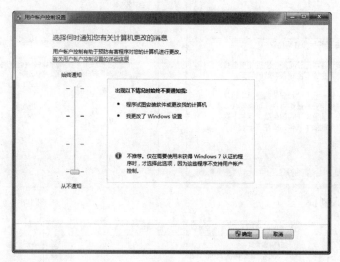

图 1-3

重新启动后即可。

双击 VMware 12 安装包。

单击"下一步"，如图 1-4 所示。

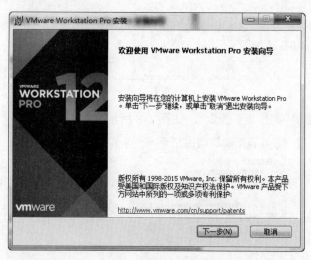

图 1-4

选择"我接受许可协议中的条款"，单击"下一步"，如图 1-5 所示。

这里使用默认路径，单击"下一步"，如图 1-6 所示。

不选择"启动时检查产品更新"和"帮助完整 VMware Workstations Pro"，单击"下一步"，如图 1-7 所示。

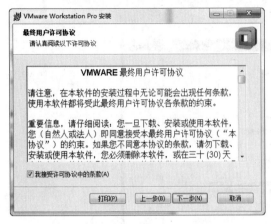

图 1-5

图 1-6

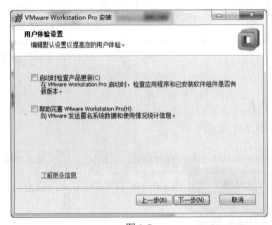

图 1-7

创建"快捷方式",单击"下一步",如图 1-8 所示。

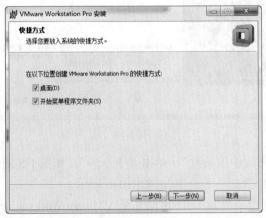

图 1-8

单击"安装"开始安装，如图 1-9 所示。

图 1-9

等待安装主文件及虚拟网络设备，如图 1-10 所示。

安装文件结束后可以通过许可证输入对应的 License，如图 1-11 所示，推荐安装完成后重启系统。

图 1-10   图 1-11

恋恋：听说虚拟机占很多系统资源，我的电脑运行得动么。

云云：刚才我看过你的电脑配置了，有 8GB 内存，运行虚拟机问题不大。一般来说 Windows 7 操作系统自己需要占用 2～3GB 的内存，一个 Windows 10 的虚拟机大概需要 3GB 内存。

1.3　环境搭建之虚拟机配置

云云：接着给你介绍一下怎么配置虚拟机，以后你就可以自己操作了，也不用总让我帮你重装系统了。

恋恋：你说我笨好了。

云云（无语）。

恋恋：伤自尊了！

云云（继续无语）。

恋恋（一气之下去洗碗去了）。

云云：讲个笑话给你吧，别生气了，你知道变形金刚里面擎天柱为什么变形那么慢？

恋恋：电影呗，不就是给你这种宅男看的特效吗？

云云：不对，因为它没有用美孚一号。

恋恋（不语）。

云云：打开 VMware，单击"创建新的虚拟机"，弹出向导对话框，如图 1-12 所示。

这里选择"典型"模式，单击"下一步"，如图 1-13 所示。

图 1-12

图 1-13

我们选择"稍后安装操作系统"（配置虚拟机后安装操作系统），单击"下一步"，如图 1-14 所示。

在虚拟操作系统中我们选择"Windows 10x64（64 位）"操作系统（为了保证兼容性，最终安装的操作系统需要和这里的系统类型和版本配对），因为这里我给你讲的是 LoadRunner 的最新版，已经可以支持 Windows 10 了，单击"下一步"，如图 1-15 所示。

这里要设置虚拟机镜像文件的存放位置，整个系统环境安装完成大概需要 30GB 的硬盘空间，所以要存放虚拟机镜像文件，最好有足够的剩余空间，单击"下一步"，如图 1-16 所示。

这里将最大磁盘文件设置为 60GB（如果你的分区还没有使用 NTFS 格式的话是不能使用 2GB 以上单个文件的，所以就要选择下面的"将虚拟磁盘拆分成多个文件"），这里还是推荐大家直接"将虚拟磁盘存储为单个文件"，单击"下一步"，如图 1-17 所示。

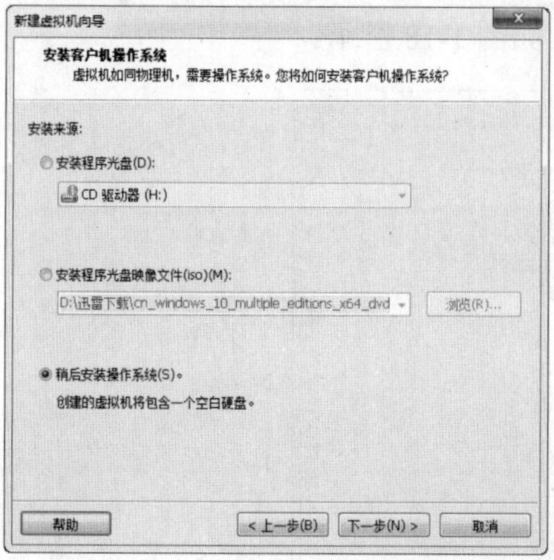

图 1-14

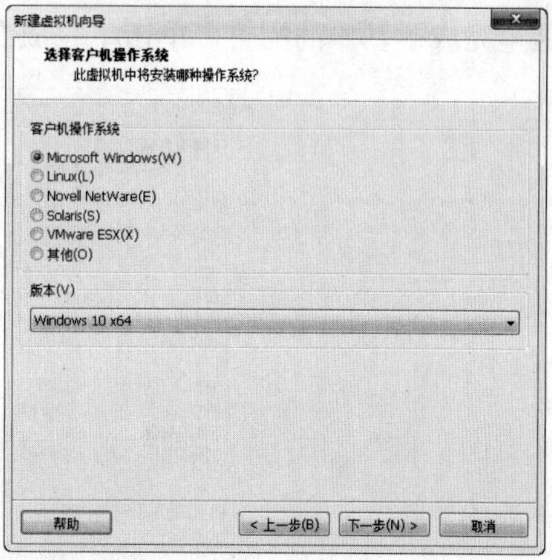

图 1-15

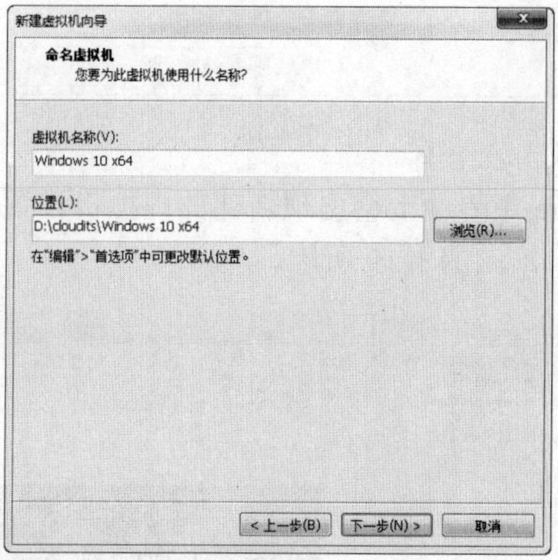

图 1-16

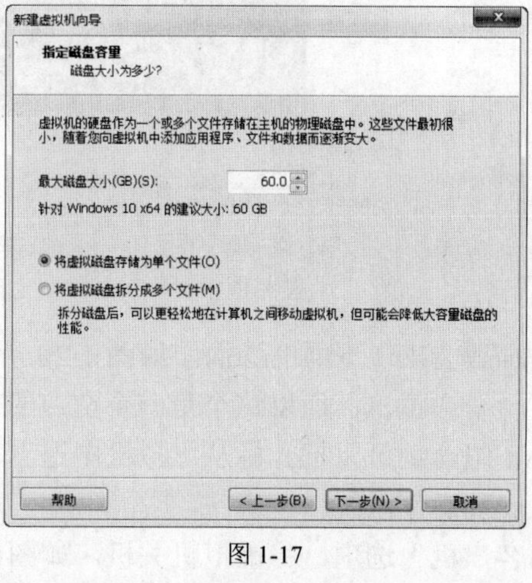

图 1-17

这里完成了基本的配置，单击"完成"结束，如图 1-18 所示。

图 1-18

新建完成后，在 VMware 主界面上会出现新建的虚拟机设置，这里我们可以"编辑虚拟机设置"或者"开启虚拟机"，如图 1-19 所示。

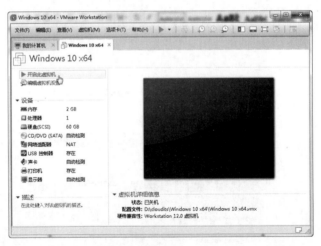

图 1-19

完成一些启动项目和提示后会出现下面的界面，如图 1-20 所示。

因为我们仅仅是新建了一个虚拟机，所以这个是一个空白的 VPC（虚拟电脑），自然是没有操作系统的，按 Ctrl+Alt 组合键可以把光标从虚拟机中退出。接着我们需要做一些小小的配置，进一步在虚拟机上安装操作系统。

单击工具栏中的"关闭客户机"选项，将虚拟机关机，如图 1-21 所示。

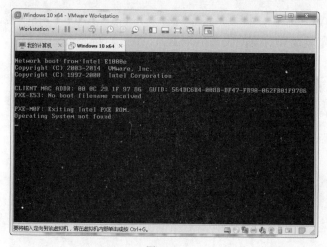

图 1-20

图 1-21

单击"编辑虚拟机设置",如图 1-22 所示。

在弹出的对话框中,将"内存"修改为"4GB""网络适配器"修改为"桥接模式",如图 1-23 所示。

图 1-22

图 1-23

恋恋:为啥默认内存明明是 2048MB,你要修改成 4096MB 呢?

云云:虚拟机中的内存越大自然运行越快,你的总内存比较大,为了保证系统运行得流畅,将虚拟机的内存增大了。网络中桥接模式是指虚拟机直接物理直连网络的,这样用起来比较方便。设置完成后确定保存即可。接着我们为虚拟机安装操作系统。

在刚才的设置中我们选择"CD/DVD 设备",将设备连接选择 Windows 10x64 的 ISO 镜像文件(如果是光盘介质,那么插入光驱选择对应的物理驱动器),如图 1-24 所示。

图 1-24

记得选择"启动时连接"设备。然后启动虚拟机,虚拟机会自动启动安装光盘,剩下的步骤就和普通安装系统一样啦,你自己把 Windows 10 操作系统安装完吧。

 小结

> 掌握 VMware 虚拟机的安装配置,能够独立使用该工具安装 Windows 操作系统。

1.4 下载 LoadRunner 12.5

云云:接着给你说一下怎么下载最新的 LoadRunner 工具。由于 HP 业务切分了,所以网站很乱,在百度内搜索 HP LoadRunner,然后你就能看到链接,如图 1-25 所示。

图 1-25

单击打开 http://www8.hp.com/cn/zh/software-solutions/loadrunner-load-testing/index.html，在下面有个关于 LoadRunner 12.50 的链接，单击"立即下载"，如图 1-26 所示。

图 1-26

这里下载需要注册一个 HP 的用户，如图 1-27 所示。

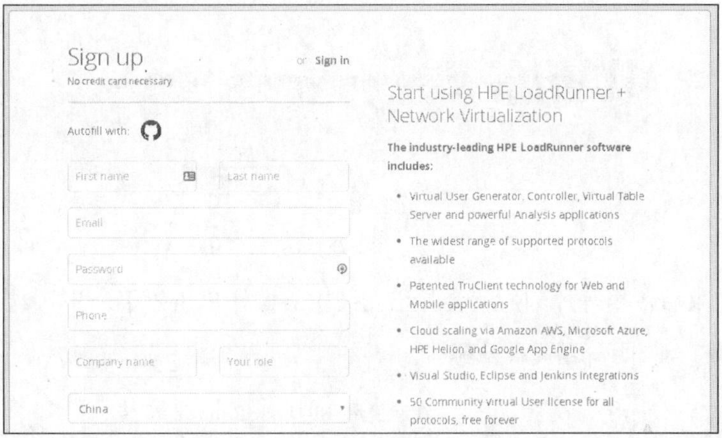

图 1-27

如果你以前还没注册过，那么请注册一个 HP 的 Passport 以后下载所有相关软件都需要这个账号。

下载的周期比较长，这里我已经有下载好的版本了，就不要你折腾了。

恋恋：哇，下载一个 LoadRunner 要那么麻烦啊，还好你先下载了。

云云：LoadRunner 12.50 可是最新版本哦，2015 年 10 月份才出来的，我下载也花了不少时间，其中分社区版、社区版附加组件、Linux 负载机，我们只要下载社区版即可，下载后的文件为 HPLR_1250_Community_Edition.exe。

恋恋：快点复制过来，我们开始安装吧。

1.5 安装 LoadRunner 12.5

云云：安装 LoadRunner 12.5 没什么特别的，下载的文件是一个 EXE 可以执行的压缩包，运行之后会等待解压安装文件，然后出现安装环境准备。

单击"确定"会依次安装相关组件，注意环境中包括了 32 位的 JRE 环境，如图 1-28 所示。

图 1-28

安装组件结束后，稍等片刻后就会弹出安装主界面，单击"下一步"，如图 1-29 所示。

图 1-29

选择"我接受许可协议中的条款",单击"下一步",如图 1-30 所示。

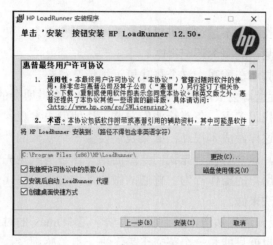

图 1-30

确认许可协议及安装目录后,就可以开始安装了。等着安装复制文件的进度条走完吧,如图 1-31 所示。

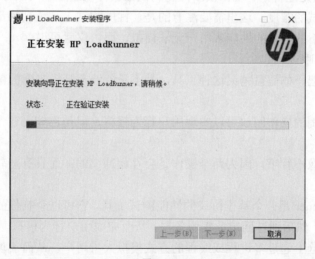

图 1-31

恋恋:安装的过程好慢啊。

云云:所以趁这个时候我要给你介绍一下 LoadRunner 这个工具的一些特点和组成了。整个 LoadRunner 是由三大部分组成的,分别是 Virtual User Generator、Controller、Analysis。这三大部分帮助我们解决了性能测试中最关键的用户行为模拟、负载生成及监控、数据收集分析整理,这也是 LoadRunner 工具流行的一个关键原因。很多别的性能测试工具,要不缺乏成套的工具,要么就做的不如 LoadRunner 简单易用。

恋恋：这样啊，那么给我具体说一下这三大部分怎么实现用户行为模拟、负载生成及监控、数据收集分析的。

云云：这个说来话长了，不过这里可以先简单给你讲个概念，便于后面的理解。上午我们说过压力测试和负载测试的概念还记得吧？

恋恋：哼，到现在脚还在酸呢，这个账我可记得清楚得很。

云云（冷汗）：最近世博会很热闹，你有想过怎么做一个世博会的负载测试吗？

恋恋：这很简单，找很多人，免费给他们发票，让他们去参观就行了啊。

云云：没错，但是这样做成本很高，如果我们要做一个软件的性能测试，我们需要模拟成千上万的用户去操作，这个时候首先我们要做的第一件事情就是先做单用户模拟。也就是说，我们要虚构一个单用户的操作行为。普通的做法是你要自己写代码来做，但是现在高级了，可以通过录制的方法来做。

恋恋（兴奋的）：我知道我知道，以前我在大学学习 3Dmax 的时候要自己建模，自己设置运动轨迹，搞了半天也就只能是一个茶壶飞来飞去一点美感都没，现在有动作捕获技术，在一个人身上装很多感应器，只要人动了，数据就会传回电脑，特别是"阿凡达"他们的新技术都能在脸上做到动作感应。看电影的时候就觉得角色的脸部活动特别真实。

云云：对，确实是这样的。现在很多性能测试工具可以通过录制的方式来获得你的行为，大大降低了性能测试的难度。这里需要注意的是，性能测试工具录制的都是协议，而不是操作。因为操作录制下的有效的性能多用户无法模拟，而协议就可以。

恋恋（不解）：哦……

云云：这样说吧，如键盘精灵这种工具，是不是能够录制下来你的鼠标和键盘操作？

恋恋：嗯。

云云：现在录制的操作回放可以实现用户行为模拟，但是你能在一台电脑上模拟多个用户操作吗？

恋恋：这个好像不行哦，因为两个操作是会互相冲突的，而且有些软件在本地不能开两个线程。

云云：LoadRunner 是一个基于协议的性能测试工具，它可以录制你的 Client 和 Server 相互交流的协议内容，然后通过回放欺骗服务器，从而完成用户行为模拟。因为是基于协议的，所以可以在一台电脑上通过多进程或线程的方式模拟大量用户，从而实现了低成本。

恋恋：大概明白了点。

云云：了解个概念就行了，后面具体一操作就好了，还好你以前学过点 TCP/IP，这个会对你后面的学习有很多帮助。

恋恋：那是，我大学的时候多用功啊，哪里像你大学的时候经常逃课。

云云：那不是逃课，那是将有限的时间转化到感兴趣的事情上。

恋恋：羞羞。

云云：上面说到了用户行为模拟，VirtualUserGenerator 就是干这个事情的。接着来说

Controller。前面通过 Virtual User Generator 我们获得了用户行为的录制，并且转化为脚本，但是这仍然是单用户的。Controller 就是将单用户克隆成多用户的工具，你看到的很多电影都是这样做的。首先构建一个用户的行为，接着克隆成很多个用户，大场面就这样出来了。

恋恋：但是电影里面每个人行为都不一样啊？

云云：嗯，其实如果你注意一下会发现，一般电影中的大场面，总习惯搞得方方正正，因为这样做电脑动画会很简单。但是为了真实地模拟大量用户，我们就应该考虑到每个用户的操作是不同的，这里就需要在脚本里面设置不同的动作。例如我们设置一个用户行为是在 24 小时内，这个用户 8 小时睡觉，3 小时学习（随机学习不同的课程），2 小时吃饭，7 小时娱乐，4 小时发呆。这些行为都是变动的，当我们将这种用户行为克隆成成千份的时候，我们就会发现他们之间虽然都有这些事情，都花那么多时间，但是由于选择不同，最终实现了真实的映射。

恋恋（点头）。

云云：Controller 可以帮助我们模拟多用户，但是仍然需要 Virtual User Generator 中的脚本足够的智能化和多选择化，这与人和人不一样，就是因为人有独立的选择权是一个原理。除了模拟多用户，Controller 还提供了监控的功能，来监控我们关心的响应时间、吞吐量、资源利用率等，为我们分析调优打下基础。

恋恋：明白了。

云云：最后就是 Analysis 了，这个东西看起来很简单，用好了却很难。你可以把它当做一个数据收集器，或一个巨大的数据表格，放在里面就是各种数据和表格，好像没用，但是你要从这些数据中找出问题，并且通过它做出美观实用的报告就有些难度了。

恋恋：是不是就和 Excel 一样啊，生成一个表格很容易，做公式，做数据透视很难？

云云：聪明，就是这样。要安装完了，这里会弹出一个 Windows 10 的防火墙提示，由于 LoadRunner 需要对网络进行访问，那么这里我们设置"允许访问"就行了，如图 1-32 所示。

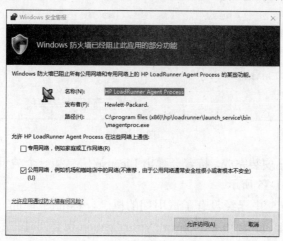

图 1-32

接着出现证书安装界面，（通过证书代理模式，LoadRunner 可以录制 Chrome 浏览器）这里我们不指定证书安装，单击"下一步"，如图 1-33 所示。

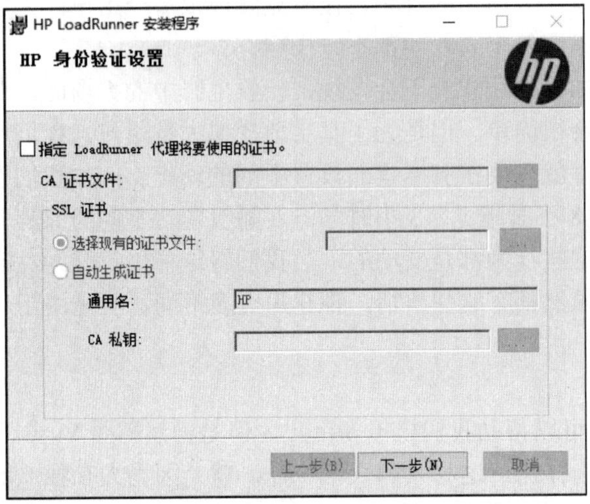

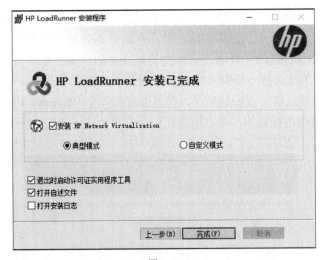

图 1-33

接着出现安装完成界面，如图 1-34 所示。

图 1-34

好了，LoadRunner 安装完成，接着会弹出 License 信息和一个关于 LoadRunner 12.5 介绍的 HTML 页面，如图 1-35 所示。

在 LoadRunner12.5 中已经没有了试用期的概念，标准的 Community 版本自带 50 个 License 支持常见的主要协议。而 HP Network Virtualization 也会同时在后台开始安装，如图 1-36 所示。

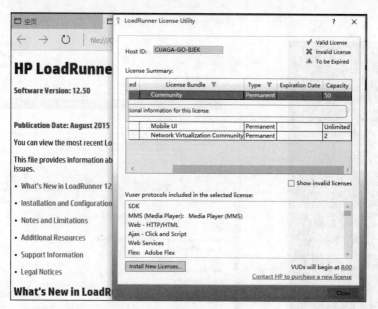

图 1-35

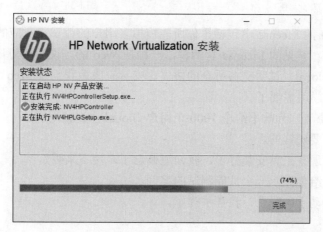

图 1-36

安装完毕后需要重启，单击"重启"完成整个 LoadRunner 12.5 的安装。

安装完成以后会在开始菜单新建一个 HP Software 的项目，如图 1-37 所示。

在菜单中选择"LoadRunner License Utility"启动 LoadRunner 的 License 管理器，如图 1-38 所示。

图 1-37

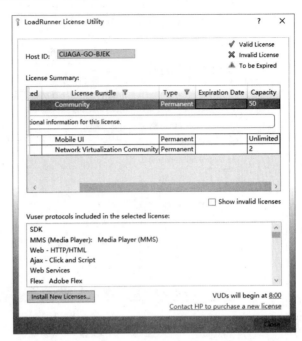

图 1-38

在 LoadRunner 的 License 中包括了你所能模拟多用户的数量及对应的协议，还有能够支持的监视器和模块。常见的 License 有两种，一种是 Web 的，说明该协议支持常见的 HTTP 协议；另一种是 Global，说明支持所有的协议。安装完成后我们有 Web 50 用户无限使用，基本满足我们平常学习需要了。

恋恋：HP 真小气，为啥不给个 1000 个用户 Global 协议使用啊。

云云：人家也要赚钱的。

恋恋：好了，现在工具安装好了，我知道概念了，接下来呢？

云云：接着我给你演示一个性能测试的案例。

恋恋：终于到动手阶段了，我都手痒了。

云云：手痒就打手。

小结

了解下载和安装 LoadRunner 的步骤，掌握 LoadRunner 工具的组成部分、实现原理及许可协议的设置。

1.6　第一个性能测试案例

云云：接着我们来做个简单的性能测试，测试 50 个用户在论坛上发帖，平均每个用户发帖的响应时间和对应的服务器资源占用率。

恋恋：听起来好酷哦！

云云：首先需要搭建一个测试环境，这里使用新版的 DiscuzX 1.5 论坛作为案例（由于版本较旧，下载地址参考本书网盘），这里选择简体 UTF-8 版本。只下载了论坛还不够，这个论坛是基于 PHP 开发的，所以我们还需要配置一个简单的 PHP+MySQL 的平台，为了方便讲解，这里使用 WAMP 2.2（Windows+Apache+MySQL+PHP）整合平台。双击安装包启动安装。

弹出版本说明，单击"Next"，如图 1-39 所示。

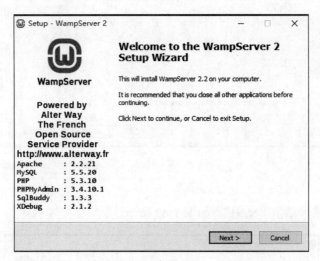

图 1-39

选择"I accept the agreement"，单击"Next"，如图 1-40 所示。

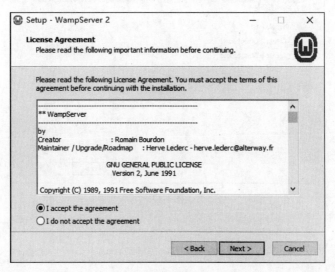

图 1-40

使用默认目录，单击"Next"，如图 1-41 所示。

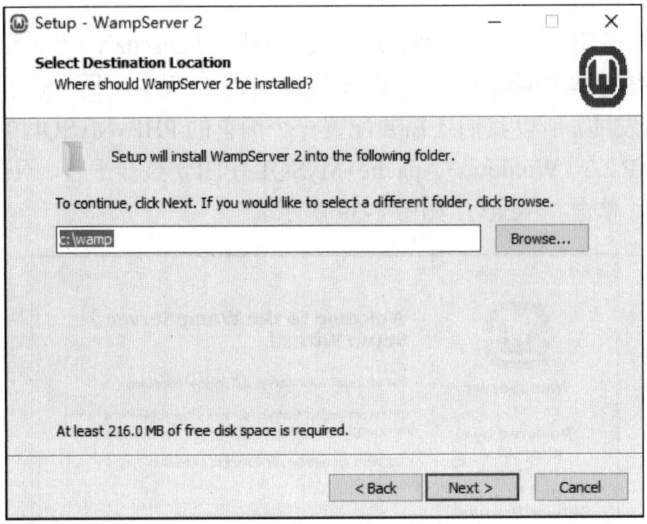

图 1-41

不添加快捷菜单，单击"Next"，如图 1-42 所示。

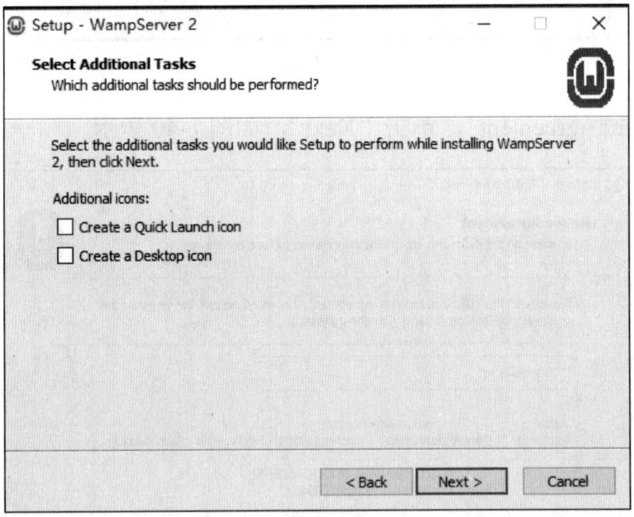

图 1-42

单击"Install"开始安装，如图 1-43 所示。

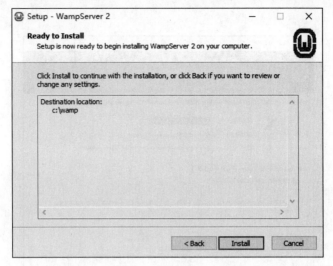

图 1-43

安装结束时会询问默认启动的浏览器应用，这里就默认使用 IE 浏览器，如图 1-44 所示。

图 1-44

由于 Apache 服务器需要占用 80 端口，所以 Windows 10 的防火墙会提示是否允许该进程访问网络，单击"允许访问"，如图 1-45 所示。

图 1-45

默认 SMTP 邮件服务设置，单击"Next"进行下一步，如图 1-46 所示。

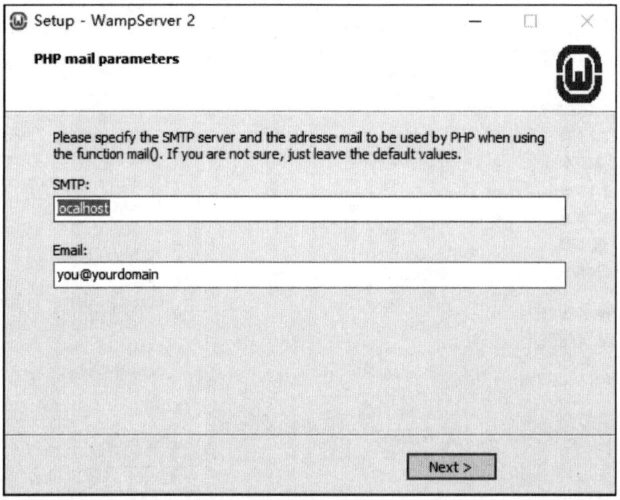

图 1-46

完成安装，并且启动 WampServer 2 服务，如图 1-47 所示。

如果服务正常启动就会在通知区域中看到一个绿色的 W 图标，如图 1-48 所示。

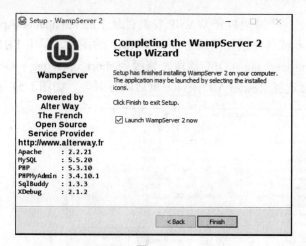

图 1-47

图 1-48

接着就可以在浏览器的地址栏中输入 http://127.0.0.1，就可以看到 Wamp 的主页面了，如图 1-49 所示。

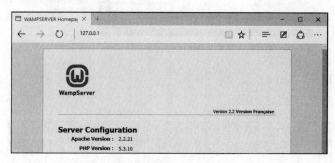

图 1-49

WAMP 安装完成了，接着把下载好的 DiscuzX 1.5 压缩包中的 upload 目录内容解压到 WAMP 安装目录下的 www 目录下（默认为 C:\wamp\www），这里改名为 discuz 目录，然后就可以在浏览器中输入 http://127.0.0.1/discuz 开始安装了，如图 1-50 所示。

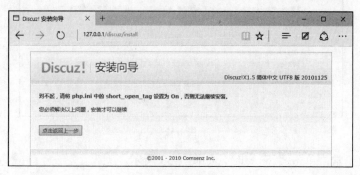

图 1-50

安装时提醒需要修改文件，这个时候打开 WAMP 安装目录下的 bin\apache\Apache2.2.21\ bin 目录修改其中的 PHP 文件；或者在通知区域中单击 WAMP 的图标，单击 PHP 菜单下的 php.ini 打开该文件，找到 short_open_tag = OFF 这段，修改为 short_open_tag = ON 保存。接着单击通知区域的 WAMP 图标选择 Restart All Service 重启所有服务，如图 1-51 所示。

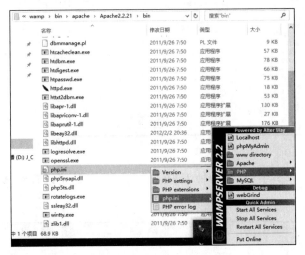

图 1-51

再次访问就可以正常访问了。

单击"我同意"，如图 1-52 所示。

图 1-52

环境和函数正常，单击"下一步"，如图 1-53 所示。

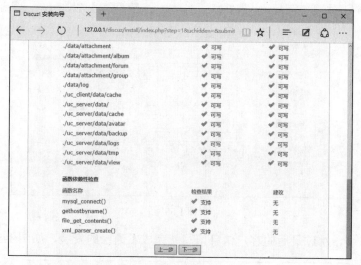

图 1-53

选择"全新安装 Discuz!X（含 UCenter Server）"，单击"下一步"，如图 1-54 所示。

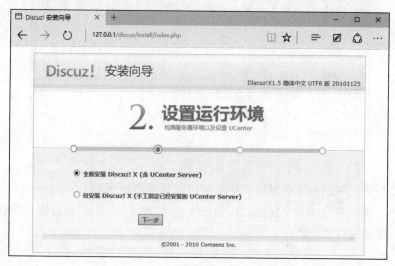

图 1-54

默认的 MySQL 数据库密码为空，所以这里需要将数据库密码清除，填写管理员密码，单击"下一步"，如图 1-55 所示。

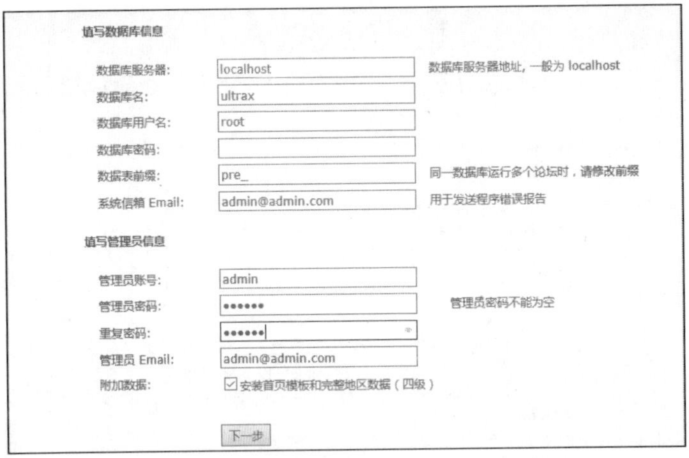

图 1-55

稍等片刻安装，跳过最后的客户信息填写就完成了论坛的安装，如图 1-56 所示。

图 1-56

恋恋：装个论坛网站也这么麻烦，接着可以做性能测试了吧？

云云：嗯，我要先问你一个问题。在论坛上发一个帖子，用户需要做几步操作？

恋恋：一般是这几个步骤：

（1）登录。

（2）选择所要发帖的版块。

（3）单击新建主题。

（4）书写帖子正文，然后单击"确定"。

云云：那么接着我们来录制这个操作吧。在电脑桌面上打开"Virtual User Generator"，单击"开始"菜单中"File"下的"New Script and Solution"，新建脚本，如图 1-57 所示。

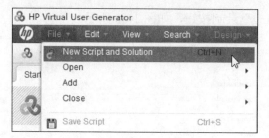

图 1-57

在"Create a New Script"中选择"Web-HTTP/HTML",单击"Create",如图 1-58 所示。

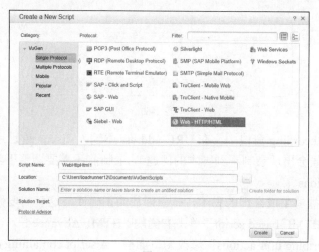

图 1-58

接着出现代码的编辑界面,如图 1-59 所示。

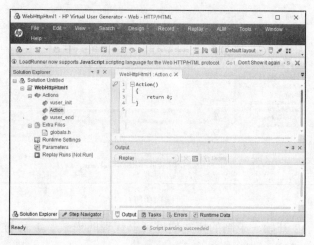

图 1-59

单击"Start Recording"录制按钮，如图 1-60 所示。

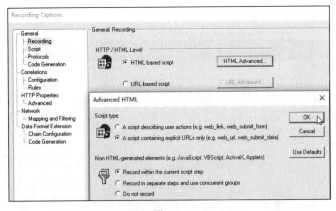

图 1-60

弹出的 Start Recording 窗口中，在 URL address 中输入 discuz 论坛地址（注意避免使用 Localhost，有些时候会出现录制不到脚本的问题），录制前还需要调整下默认的录制选项，单击"Recording Options"。

为了保证代码能够生成合理的脚本，确保回放的正确性，这里需要修改 Recording 中的录制模式。找到"HTML-based script"单击右侧的"HTML Advanced"，在弹出的选项中将默认的"A script describing user actions"修改为下面的"A script containing explicit URLs only"，如图 1-61 所示。

图 1-61

从 LoadRunner 12 开始，录制的模式通过证书代理的模式了，录制开始时会弹出 CA 证书提示，要求安装该证书，如图 1-62 所示。

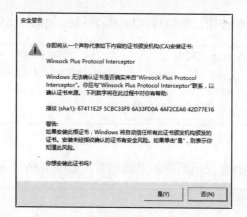

图 1-62

单击"是"，确认证书，并且同意 Windows 10 的防火墙访问提示。

这个时候会看到有一个 Recording 工具条，并且一个 IE 11 会被启动，自动访问论坛，接着我们在这个论坛中进行发帖的操作，如图 1-63 所示。

图 1-63

这里我们使用 admin 身份用户登录后在默认版块发了一个帖子，如图 1-64 所示。

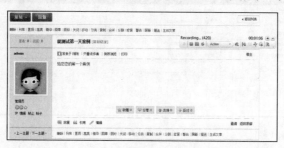

图 1-64

单击录制条的停止录制按钮，结束这次脚本的录制，如图 1-65 所示。

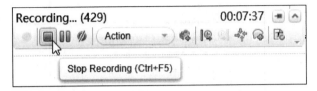

图 1-65

单击停止录制后会看到有提示删除证书的说明，如图 1-66 所示。

图 1-66

单击"是"确定，稍等片刻代码生成弹出 Design Studio 设计中心。

设计中心提供了对脚本关联处理的支持，但是个人并不太推荐使用这样自动的体系，所以直接单击"Close"，如图 1-67 和图 1-68 所示。

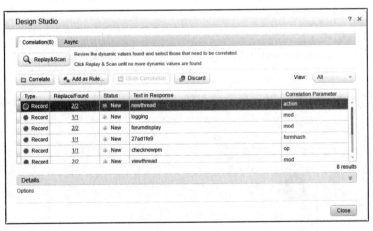

图 1-67

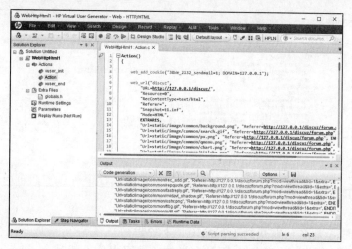

图 1-68

这里我们完成了脚本的录制工作，保存脚本后，接着我们单击工具栏上的 Run 按钮或者快捷键 F5 运行一下这个代码，如图 1-69 所示。

图 1-69

回放完成后，你会在论坛上看到多了一个新的帖子，也就是说通过录制，我们得到了发帖用户的行为，这个行为用一个脚本来说明（虽然你看不懂怎么回事，但是这个在现在不关键），而回放这个脚本可以实现对前面行为操作的重复，那么可以基本认为该脚本录制是成功的。

恋恋：原来简单几步就能完成用户行为模拟了啊！

云云：你又骄傲了是吧！这个例子简单么，换一个系统你就不能简单地录制回放了，别翘尾巴！

恋恋：翘尾巴不是你的特长么，看我怎么把它压下去！

云云：Stop！接着来说怎么添加监控。监控其实包括两部分，一部分是我们需要的操作的响应时间，另外一部分是在这个操作下的资源利用率。先到脚本中找到发帖的操作。

恋恋：发帖应该是在最后吧，我来看看代码。是不是这一段呢？

```
WebHttpHtml1 : Action.c X
136
137    web_submit_data("forum.php_2",
138        "Action=http://127.0.0.1/discuz/forum.php?mod=post&action=newthread&fid=2&extra=&topicsubmit=yes",
139        "Method=POST",
140        "TargetFrame=",
141        "RecContentType=text/html",
142        "Referer=http://127.0.0.1/discuz/forum.php?mod=post&action=newthread&fid=2",
143        "Snapshot=t14.inf",
144        "Mode=HTML",
145        ITEMDATA,
146        "Name=formhash", "Value=27ad1fe9", ENDITEM,
147        "Name=posttime", "Value=1462106354", ENDITEM,
148        "Name=wysiwyg", "Value=1", ENDITEM,
149        "Name=subject", "Value=提交标题版测试漏洞\x88漏洞漏者\x88", ENDITEM,
150        "Name=message", "Value=编辑但是编辑漏洞编码漏洞漏者\x88", ENDITEM,
151        "Name=save", "Value=", ENDITEM,
152        "Name=uploadalbum", "Value=", ENDITEM,
153        "Name=newalbum", "Value=", ENDITEM,
154        "Name=readperm", "Value=", ENDITEM,
155        "Name=price", "Value=", ENDITEM,
156        "Name=usesig", "Value=1", ENDITEM,
157        "Name=allownoticeauthor", "Value=1", ENDITEM,
158        EXTRARES,
```

图 1-70

云云：不错哦，那么快就找到了，介绍一下经验。

恋恋（得意状）：当初的 HTML 不是白学的，填写表单不就是个 submit 操作么，代码上面有 Action 和 Method，这不就是表单处理么，而且还有好多个属性和一堆乱码，只有这段了。只是为什么是乱码但回放后帖子显示还是正常的中文啊？

云云：这个问题是编码的问题，英文的软件对中文的识别总归是不好的，这里先不和你纠结这个问题，我们是做性能测试不是做功能测试，哪怕回放是乱码也无所谓的。

恋恋：哦，也是，反正操作成功了，显示不正确也没有关系。

云云：接着我们需要知道发帖所需要消耗的时间，这里需要添加一个叫做事务的函数。把光标切到发帖函数的前面，单击工具栏上的"Start Transaction"或者组合键 Ctrl+T，如图 1-71 所示。

接着在代码中直接就会添加一段代码 lr_start_transaction("")，在双引号中添加事务名称，如图 1-72 所示。

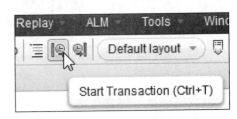

图 1-71

```
lr_start_transaction("posttopic");

web_submit_data("forum.php_2",
    "Action=http://127.0.0.1/discuz/forum.php?mod=post&action=newthread&fid=2&extra=&topicsubmit=yes",
    "Method=POST",
    "TargetFrame=",
    "RecContentType=text/html",
    "Referer=http://127.0.0.1/discuz/forum.php?mod=post&action=newthread&fid=2",
    "Snapshot=t14.inf",
    "Mode=HTML",
    ITEMDATA,
    "Name=formhash", "Value=27ad1fe9", ENDITEM,
    "Name=posttime", "Value=1462106354", ENDITEM,
```

图 1-72

接着我们将光标移动到发帖函数的后面，单击"End Transaction"或者组合键 Ctrl+Shift+T。

同样在代码中添加了一句 lr_end_transaction("",LR_AUTO)，这里需要和前面的事务名填写一样的内容，如图 1-73 所示。

```
       "Name=usesig", "Value=1", ENDITEM,
       "Name=allownoticeauthor", "Value=1", ENDITEM,
       EXTRARES,
       "Url=uc_server/images/noavatar_middle.gif", "Referer
       "Url=data/cache/style_1_forum_viewthread.css?z69", "
       "Url=static/js/forum_viewthread.js?z69", "Referer=ht
       LAST);
  lr_end_transaction("posttopic", LR_AUTO);
```

图 1-73

恋恋：是不是两个函数要成对，然后他们会计算函数间的时间差？

云云：哎哟，不错哦。

恋恋：那是，也不看看我是谁。

云云：好了，我们完成了脚本的开发工作，接着我们要把这个脚本变成 50 个用户来运行，并且还要监控在这个负载下资源利用率的情况。

恋恋（期待的眼神）。

云云：打开菜单"Tools"，单击"Create Controller Scenario"创建一个新的场景，如图 1-74 所示。

弹出创建场景的窗口，我们这里把"Number of Vusers"值从 1 改为 50，单击"OK"启动场景，如图 1-75 所示。

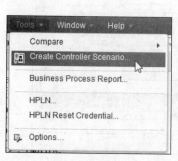

图 1-74

图 1-75

稍等片刻 Controller 就会弹出来。

这里就是 Controller 场景界面了，接着将界面底部的标签切换到 Run 上，如图 1-76 所示。

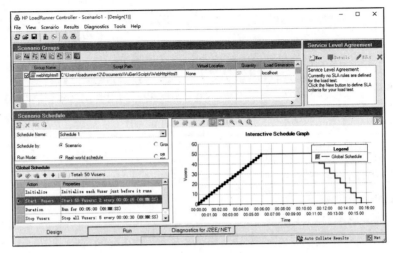

图 1-76

接着在右侧的 Windows Resources 窗口中单击鼠标右键，在弹出的菜单中单击"Add Measurements"项，如图 1-77 所示。

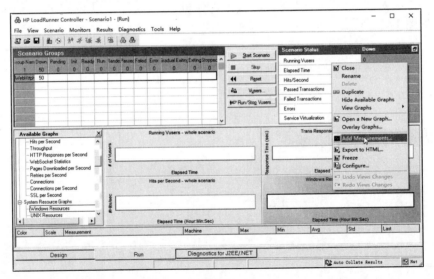

图 1-77

单击"Add"按钮，如图 1-78 所示。

这里输入"localhost"监控本机的 Windows 资源信息（使用 IP 地址可能会被防火墙拦截），单击"OK"按钮，如图 1-79 所示。

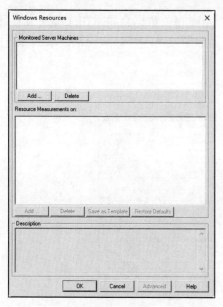

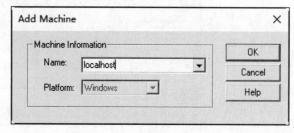

图 1-78   图 1-79

    这里可以在下面看到有很多内容，其中"%Processor Time"是我们的 CPU 占用率，如果达到 100%就说明 CPU 很忙，被完全使用了，单击"OK"按钮完成资源监控添加，如图 1-80 所示。

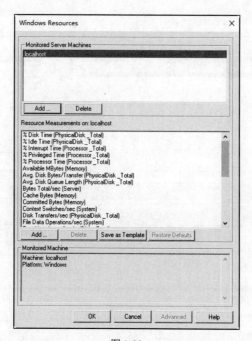

图 1-80

稍等片刻可以看到 Windows Resources 中出现线条，而相关数据会显示在底部（会看到有 4 个 Errors 信息，主要是因为 Windows 10 有些计数器已经取消了，导致无法读取）。这样我们就完成了资源的监控，如图 1-81 所示。

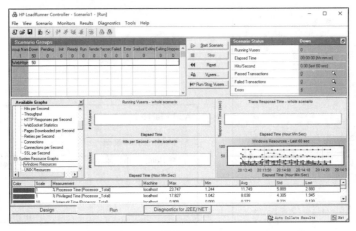

图 1-81

恋恋：有点像心跳仪，是不是一边运行 LR（LoadRunner 简写）就会一边监控。

云云：嗯，是这样的。完成了场景中的监控和 50 个人负载的设置后，就可以运行了，单击 F5 键等结果吧，这个要运行接近 16 分钟呢，坐了那么久起来活动活动吧，场景运行如图 1-82 所示。

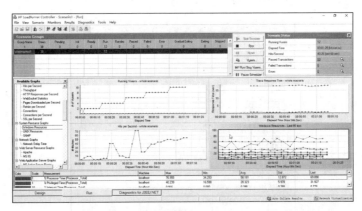

图 1-82

恋恋：好累啊！

小结

了解如何使用 Vugen 录制脚本，回放确认脚本录制是否成功，掌握在脚本中添加事务函数及生成场景添加资源监控。

20 分钟过去。

云云：场景运行完成，我们可以来看结果并且生成性能测试报告了。

恋恋：等我再去吃个水果，晚饭后吃水果对身体好。

云云：场景执行完毕后，所有的用户会处在 Stop 状态，现在我们完成了 50 个用户在论坛上不停发帖的负载，接着我们来看看论坛上多了多少帖子，如图 1-83 所示。

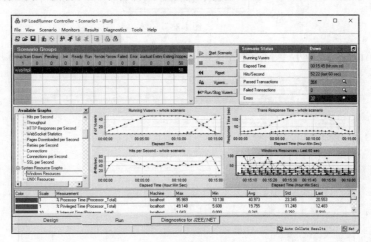

图 1-83

看看吧，多了 400 多个帖子哦，这是 50 个人按照某种策略在上面发帖的结果，如图 1-84 所示。

图 1-84

恋恋：好多帖子啊，用这个来灌水岂不是很方便，我可以成为"灌水女王"了。

云云：基本上这个是可行的，我已经承认你是女王了。

云云：最后我们要生成性能测试报告了，来对这次测试进行一个说明，单击"Results"菜单下的"Analyze Results"，调用 Analysis 对这次性能测试中的数据进行分析，如图 1-85 所示。

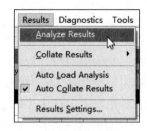

图 1-85

单击以后 Analysis 启动，等待数据收集以后会看到以下界面，如图 1-86 所示。

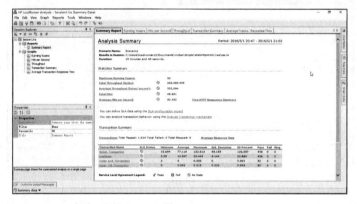

图 1-86

这是 Analysis 给我们提供的一份报告总结。

恋恋：我看不懂，都是数据怎么办。

云云：别急，抓住重点就行了。首先看我们关注的发帖的响应时间，在这个 Summary 里面显示了 posttopic 事务的 Average 时间是 10.574 秒，你觉得速度快吗？

恋恋：我觉得有些慢。

云云：通常我们使用 2/5/8 的原则来说明用户体验。即如果事务时间在 2 秒以内是很快，5 秒以内是还不错，8 秒以上用户就受不了了。

恋恋：那么现在就是说速度完全不行喽。

云云：这里先卖个小关子，这个时间并不是发帖操作的时间哦，不过你就先当整体看好了，以后谈时间细分的时候再给你详细介绍。

恋恋：那么我们知道时间是 10 秒多点，又怎么样呢？

云云：单击左边的 "Average Transaction Response Time"，会出来一个图，这个图是随着时间的推移事务时间的变化规律，如图 1-87 所示。

注意，posttopic 中的数据就是比较低的那根线，在这个图里面你可以看到负载的过程中响应时间是如何变化的。

恋恋：4 分钟以前的时间都不长，4 分钟以后的时间波动却很大。

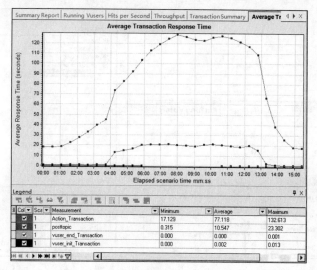

图 1-87

云云：这个问题要分析了，你现在是做入门性能测试，所以知道结果就行了。然后我们单击一下"Running Vuser"，如图 1-88 所示。接着可以看到用户负载的趋势，并不是 50 个人都一直在运行，而是一个递增趋势，逐渐到达 50 个用户稳定一段时间后再下降，想到什么了吗？为什么要这样做？

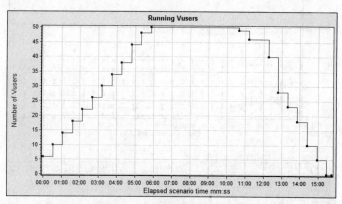

图 1-88

恋恋：让我想想，好像一开始就在说负载应该是逐渐递增的，这样才能找到拐点。

云云：还算记得不错，用户运行的趋势是在场景中设置的，这里我们使用了系统的默认值而已。最后我们可以看一下资源情况图，这个图要手工添加。

在 Graph 上单击鼠标右键，在"Add New Item"下选择"Add New Graph"，如图 1-89 所示。

弹出的窗口中选择"Windows Resource"，单击"Open Graph"，如图 1-90 所示。

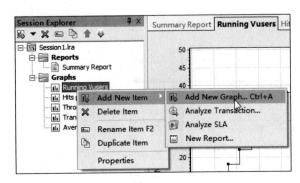

图 1-89　　　　　　　　　　　　　　　图 1-90

这图看的头晕吧（如图 1-91 所示）。

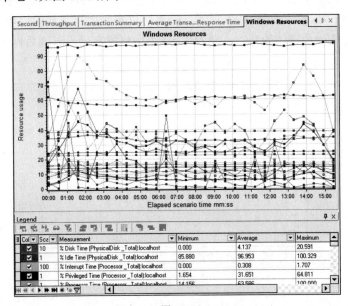

图 1-91

恋恋：这怎么看啊？

云云：你先别管，直接看 Processer Time，是不是发现平均值是 63.5%，最大值是 100，说明 CPU 有一定的占用率。

恋恋：是不是就能说有 CPU 瓶颈了？

云云：CPU 是常见瓶颈的一种，但是这里并不能完全说是 CPU 一定是导致响应时间慢的关键。接着我们编写一份性能测试报告，下面是模板，你照着填一下。

恋恋开始认真填写，最后生成了这样一份性能测试报告。

Discuz 性能测试报告

目的：

测试 Discuz 发帖的性能。

环境：

红太羊的笔记本

Windows 10 操作系统+Wamp+Discusx 1.5

负载方式：用户逐渐增加，持续，然后下降的方式，如图 1-92 所示。

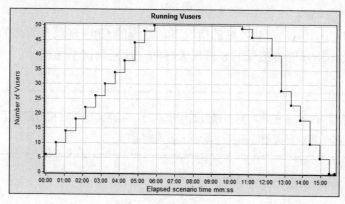

图 1-92

响应时间：开始平稳，3 分钟 44 秒以后响应时间迅速上升，超出用户能够接受的 8 秒时间上限，如图 1-93 所示。

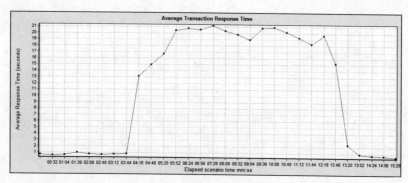

图 1-93

资源情况：从一开始 CPU 占用率就非常高，然后逐渐下降稳定，响应时间变慢和 CPU 有一定的关系，具体瓶颈原因不详，如图 1-94 所示。

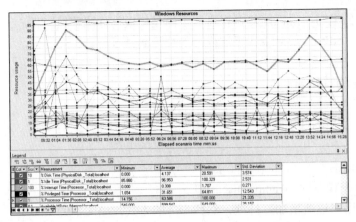

图 1-94

综上所述，在 50 个用户负载发帖的情况下，系统的 CPU 资源有明显的瓶颈，响应时间后期波动较大，超出用户能够接受的 8 秒最大时间，性能测试不通过。

小结

了解如何使用 Analysis 整合数据，通过对用户执行，平均响应时间和资源利用率 3 张图对系统性能进行简单分析，掌握最简单的性能测试报告编写方法。

云云：第一天就到这里吧，辛苦啦。

恋恋：晚安。

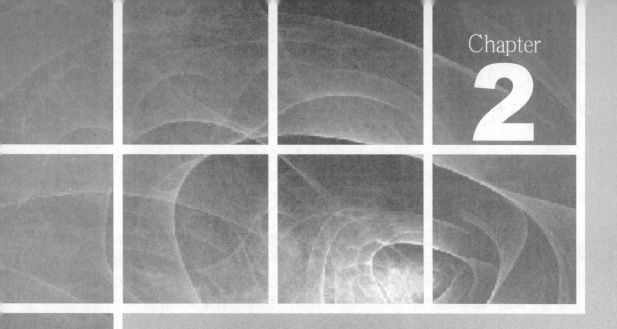

第二天

2.1　开始

恋恋：好困啊，昨天一个晚上都在想性能测试，那么多概念，那么多名词，那么多菜单。

云云：刚开始入门压力当然是很大的喽，不过你那么聪明，换成别人早就被我修理一百遍了。今天要开始第二天了，不认真可会掉队的，昨天的只是开始呢。

恋恋（认真状）：是老师！

云云：昨天我们学习了最简单的脚本录制、回放验证、添加监控、设置多用户负载和收集结果。这是所有性能测试在执行部分都要做到的几个关键步骤，很多人在刚接触性能测试时都觉得性能测试很神秘，但是在了解了上面的东西之后，就会觉得性能测试很简单。

恋恋：我也是这个感觉啊，按照你昨天的说法，性能测试是蛮简单的。

云云：如果真的那么简单谁会给高工资啊，只是例子都是简单的。

2.2　解决乱码

恋恋：那今天你说点什么难的呢？

云云：首先，我要给你说一下怎么确保录制出来的东西不会是乱码。还记得昨天我们录制出来的发帖操作内容是乱码么？

恋恋：记得，那么怎么解决呢？

云云：其实这里和编码规则有关系，你先用 IE 11 浏览器（不要用 Windows 10 的 Edge 浏览器）打开我们搭建的 Discuz 论坛，在页面上单击右键，在出现的菜单里面选择"编码"命令，如图 2-1 所示。

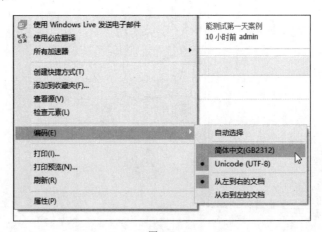

图 2-1

这里该页面的编码格式是 UTF-8。

恋恋：那么什么是 UTF-8 呢？

云云：UTF-8 其实是一种多语言兼容性的编码格式，除了 UTF-8 以外还有 UTF-16，这样可以把任何语言都通过这种编码方式统一处理，以前的网页中文都是使用 GB2312，老外要看就有问题了，比如字体。这里我简单按照个人理解给你解释一下，更多的说明要看官方文档哦。

恋恋：对了，想起来了，以前我用 DW 开发网页的时候就要设置这个编码格式。

云云：对，其实这个东西在页面代码的开头要申明的。现在你在浏览器里面右键菜单中选择查看源，在浏览器底部会出现开发人员工具，里面的调试程序项中会出现该页面上的代码，如图 2-2 所示。

图 2-2

画框的地方就是页面申明所使用编码的地方了，这里使用的编码格式是 UTF-8。LoadRunner 作为一个外来软件，自然会有些水土不服的，如果录制的时候没有使用对应的解码方式，就会乱码了，不信你把这个页面的编码从 UTF-8 转到 GB2312 上看看，如图 2-3 所示。

恋恋：变成这个样子了啊，看不懂哦！

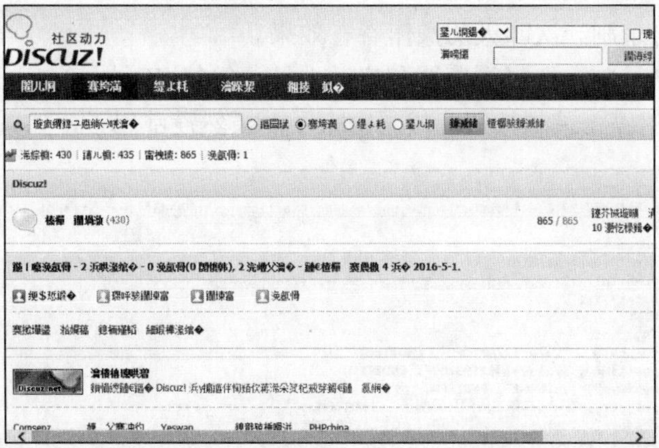

图 2-3

小编码大问题啊，查看源代码也是乱码了。

云云：所以我们开始用 LoadRunner 录制的时候没有告诉它应该用什么编码方式，导致录制出来的东西乱码了。

恋恋：懂了，那怎么解决呢？

云云：我们要修改录制方式，打开 VuGen，新建一个 Web（HTTP/Html）协议，这里会弹出一个录制对象框，昨天我们修改过录制模式。单击左下角的 Options 选项按钮，会出来详细录制选项，我们直接点到"Advance"，这里会有个"Support charset"功能，选中后我们就告诉 VuGen 在录制的时候用 UTF-8 的方式来解码了，如图 2-4 所示。

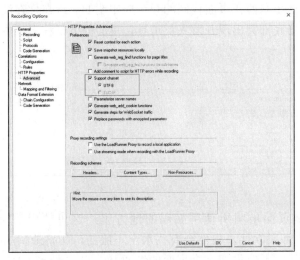

图 2-4

恋恋：原来如此，那就是说如果我们录制的页面是 GB2312 的，就不能开这个选项吗？

云云：不错，比很多人理解的更深。并不是乱码就开这个选项，而是根据页面的编码格式来做。好了，你再录制一次昨天的操作看看效果。

恋恋：首先启动录制，选择浏览器和启动地址，等待 IE 框弹出，进行操作，最后单击"Recording Bar"上的停止录制按钮。代码出来了，果然没乱码了，如图 2-5 所示。

```
web_submit_data("forum.php_2",
    "Action=http://127.0.0.1/discuz/forum.php?mod=post&action=newthread&fid=2&extra=&topicsubmit=yes",
    "Method=POST",
    "TargetFrame=",
    "RecContentType=text/html",
    "Referer=http://127.0.0.1/discuz/forum.php?mod=post&action=newthread&fid=2",
    "Snapshot=t7.inf",
    "Mode=HTML",
    ITEMDATA,
    "Name=formhash", "Value=27ad1fe9", ENDITEM,
    "Name=posttime", "Value=1462198269", ENDITEM,
    "Name=wysiwyg", "Value=1", ENDITEM,
    "Name=subject", "Value=第二天的乱码例子", ENDITEM,
    "Name=message", "Value=现在看到小羊仔了吧", ENDITEM,
    "Name=save", "Value=", ENDITEM,
    "Name=uploadalbum", "Value=", ENDITEM,
    "Name=newalbum", "Value=", ENDITEM,
    "Name=readperm", "Value=", ENDITEM,
    "Name=price", "Value=", ENDITEM,
    "Name=usesig", "Value=1", ENDITEM,
    "Name=allownoticeauthor", "Value=1", ENDITEM,
```

图 2-5

这下看的通透了，原来处理乱码那么简单。

云云：看，又翘尾巴了吧！这是最简单的情况，接着来给你说个复杂的情况。

恋恋：来吧，有挑战才能更好地进步。

云云：如果录制时 UTF-8 没用，你怎么处理乱码？

恋恋：还会有这种事情吗？

云云：会！不要以为设置了这里就有用了。首先你设置录制时使用 UTF-8，但是并不是所有操作都能被正确解码。最常见的情况就是在 Ajax 请求中，LoadRunner 不能对这类请求进行 UTF 解码，所以需要我们自己来处理编码。

恋恋：岂不是我们要写代码来处理编码转换？

云云：就是这个意思。

恋恋：天呐！

云云：你怕了啊？

恋恋：我就是感叹一下！

云云：这里要给你说个叫做 "lr_convert_string_encoding" 的函数，这个函数可以进行编码转换。

恋恋：你这样说我怎么懂啊。

云云：刚开始学习时帮助文件永远是最好的工具，在这个函数上按 F1 键试试，会出来一个帮助手册，里面有关于这个的函数说明，仔细阅读。

恋恋：哪有你这样的老师，叫学生自己看帮助。

云云：这就是你不懂了，普通人我就直接给他说你这样做就行了，对你我要授之以渔。

恋恋（脸红）：好吧，我认真看看帮助文件。

（几分钟后）

恋恋：没看懂，虽然我按照帮助写了这样一段代码，但是运行后什么都没看到。

```
int rc = 0;
    unsigned long converted_buffer_size_unicode = 0;
    char *converted_buffer_unicode = NULL;
    rc = lr_convert_string_encoding("Hello world",
            LR_ENC_SYSTEM_LOCALE, LR_ENC_UNICODE, "stringInUnicode");
    if(rc < 0) {
        // error
    }
    return 0;
```

云云：这是因为你没有脚本开发和调试的知识基础，所以只要让你写或改点东西就不会了吧。

恋恋：干嘛，你得意了是吧，我就是不会怎么的！

云云：别急啊，我来给你解释一下。首先帮助里面的代码是这样的：第一句它定义了一个新的整形变量 rc，初始值为 0。

恋恋：这个我懂，后面呢？

云云：接着就是调用"lr_convert_string_encoding"函数，并且把返回值保存到 rc 中。后面进行判断，如果 rc 的值小于零那么就说明转换错误了。

恋恋：那么前两句是干嘛的？

云云：其实我也不是很清楚，应该是为了后面做类型转换做准备的，把转换过程中需要用到的内部变量都重置一下吧。不过这个已经不关键了，你按照帮助写这两条好了。

恋恋：那怎么转的呢？

云云：这里"lr_convert_string_encoding"函数做的事情就是将 Hello world 这个字符串从当前系统的默认编码修改为 UNICODE 编码，并且把修改的内容保存到 stringInUnicode 这个参数里面去。

恋恋：我大概懂了一点，那么 LR 可以做哪些编码的转换呢？

云云：帮助里面有写到，注意看一开始的函数介绍，也就是说 LR 支持 3 种编码的互转，系统本地、UTF-8、UNICODE。下面写了这样的一张表，如图 2-6 所示。

恋恋：我懂了，也就是说乱码可以强行转？

云云：我们来写个例子就明白了。还是回到论坛，先把编码改一下让他显示乱码，这里我们先修改成 GB2312 试试。比如页面上的高级查询，在修改为 GB2312 后，会显示成"楂樼骇鏍滅煶储"这样的乱码，我们可以写下面这个代码来解码。

Constant	Value
LR_ENC_SYSTEM_LOCALE	NULL
LR_ENC_UTF8	"utf-8"
LR_ENC_UNICODE	"ucs-2"

图 2-6

```
lr_convert_string_encoding("楂樼骇鏍滅煶储",LR_ENC_UTF8,LR_ENC_SYSTEM_LOCALE,"test");
```

这里我规定将这个乱码的字符串从 UTF8 的格式转化为当前系统的格式,并且保存到 test 这个参数中去。

恋恋：我刚才就在纳闷什么是参数，现在你又说到参数了，到底什么是参数啊？

云云：这个解释起来话题太大，你就当做 LR 中自己使用的高级变量吧。

恋恋：又多了一个大大的问号！

云云：今天下午我就给你讲什么是参数，你别急。这段代码写了以后你是看不到结果的，所以你要做个操作，也是后面做参数我们最常用到的功能，开日志！

恋恋：日志？

云云：日志是非常重要的调试代码的手段，通过简单运行并确认过程是否正确，你在写 JAVA 时会使用变量内存跟踪技术吗？

恋恋：什么叫变量内存跟踪技术？

云云：你竟然连变量内存跟踪技术都不知道！

恋恋：反应不要那么大嘛。

云云：就是你一边跑代码一边看变量的值的运行变化啊。你不是会在代码上设置断点么！

比如在循环内设置个断点，每次跑到这里脚本就会停住，然后你可以在边上的窗口中看到当前所有变量的值。

恋恋：原来是这个啊，别说那么专业的名词嘛。

云云：做 IT 人必须懂！为了看到运行后的结果，我们现在打开日志，先按 F4 键（也可以通过 Reply 菜单下的 Runtime Settings），这里会出现运行设置窗口，在左侧选择 Log 项，然后修改成下面这个样子，如图 2-7 所示。

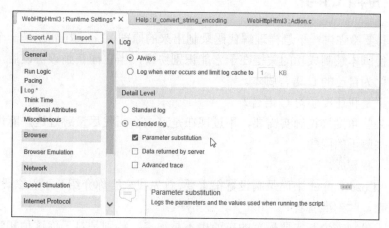

图 2-7

接着你再运行一下脚本。

恋恋（按下 F5 键，脚本运行结束）：多了一行蓝色的内容（Action.c(3): Notify: Saving Parameter "test = 高级搜索\x00".），里面有解码出来的汉字啊！如图 2-8 所示。

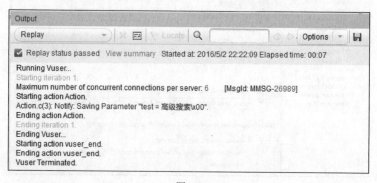

图 2-8

云云：我们刚才打开的选项就是告诉 LR 将参数的取值和赋值在日志中显示出来，日志的意思就是指把"高级搜索\x00"保存到 test 这个参数里面去。LR 在转码的时候会多带一个 \x00 标记，如果你要去掉还要做点操作，这个我们后面再说好了。

小结

理解乱码产生的原因，对常见编码有所了解，能够掌握如何设置录制选项避免乱码的出现，进一步掌握如何使用转码函数对乱码进行转码并对参数有一个初步的了解。

2.3　理解代码

云云：接着要给你讲一下怎样理解代码录制出来的原理。LoadRunner 是一个基于协议的工具，它能够使脚本录制成功的关键在于它能识别协议，当它捕获到该协议后，会尝试对其进行解析，转化为自己的 C 语言脚本。

恋恋：岂不是我还要学习 C 语言？

云云：从某些角度来说确实需要，不过现在是速成么，我尽量跳过这些麻烦的东西帮你做最常见的一些棘手的问题。

恋恋：嗯，我赞成。

云云：对于 LoadRunner 来说录制设置很重要，首先我来给你介绍一下怎么设置录制选项。

恋恋：来吧，时刻准备着！

云云：对于录制来说其实要配置的东西也不是很多，特别是对于你这种初学者。首先录制选项第一块 Recording 设置，如图 2-9 所示。

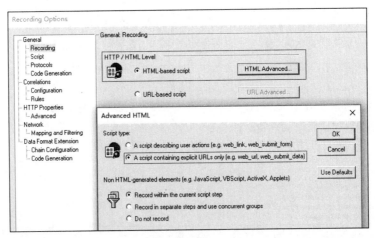

图 2-9

在这块设置中一定要按照我的这个方式来录制：

（1）选择基于 HTML-based Script 的录制级别来录制。

（2）选择基于 A script containing explicit URLs only 的请求描述方式来录制。

这样录制出来的脚本才能从协议上反应出用户行为，昨天也是让你这样设置的。

恋恋：为什么呢？

云云：如果我们选第二种录制级别 URL-Based Script，那么一个页面所有的请求都会被分散在多个 Web_url 函数中，脚本的维护会很麻烦。如果我们选第一种 A script dscribing user actions 的请求描述方式来录制，那么录制的时候会看到类似 Web_link 和 Web_submint_form 的函数，这类函数只能告诉你做了什么，但是不能从底层上告诉你访问了哪个地址或者产生了什么请求，而且有时候还会导致一些错误。所以从性能测试原理的角度来说，需要按照我说的方式来录制脚本，得到最本质的东西。

恋恋：Web_link 和 Web_url 有什么区别呢？我觉得都一样啊。

云云：先给你写个脚本你看看。

恋恋：不用录制吗？

云云：这东西不需要录制。

恋恋：哇，好厉害啊，竟然可以直接写，太任性了。

云云：解释一下这两个函数，格式都差不多，基本就是

Web_url("这里是步骤名","URL=你要访问的地址",LAST);Web_link("这里是步骤名","Text=你要点击的链接名",LAST);懂了么？

恋恋：就是背个格式么，这个我会，让我来试试。

几分钟过去后，代码写了出来；

恋恋：代码运行成功，我也会写脚本了啊，我是不是也成高手了。

云云：不错，那你现在知道录制的时候为什么要这样设置了么？

恋恋：不知道！

云云：额，那你用这两种方式再录制一遍。

恋恋：干嘛又要人家操作，你告诉人家答案就行了么！

云云：只有自己做了的才有深刻的印象，答案听了没用！

几分钟内把几个情况的脚本都录制了一遍。

云云：现在明白区别了么？

恋恋：嗯，好像明白了，用你的方式录制出来的都是直接操作的地址，这样看的比较直接，而用别的方式录制出来的东西要么复杂，要么看不到请求的地址，模模糊糊。

云云：那是，当年为了琢磨这个花了不少时间呢。

恋恋：然后呢？

云云：除了这个选项以外，还有几个选项可以适当注意一下，比如，如图 2-10 所示。这里的 3 个 Recording schemes；

恋恋：这是什么？

云云：这是脚本录制时生成代码的一些过滤和组织策略，说来话长，你也不用太关心，等你入门了有处理细节的兴趣，再看我的书吧。还有一个关于 password 密码内容的处理机制，建议取消掉。

恋恋：看英文是对密码做一个加密参数么？

云云：对的，这个功能是掩耳盗铃的，还是取消了比较好。

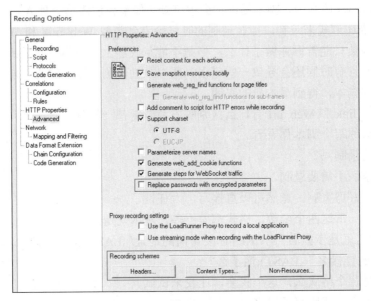

图 2-10

 小结

理解代码生成的规则，并且大概理解代码和被测对象的关系，能够基本阅读理解代码。

2.4　让代码动起来

恋恋：师傅，师傅，接着我们应该干嘛了？

云云：嗯，在搞定编码之后我可以给你说怎样让脚本动起来了。

恋恋：动起来？

云云：就是变量化操作或者直接叫做参数化吧。

恋恋：似曾相识。

云云：这样说吧，你先录制一个用户注册后发帖的脚本，然后回放一下，看看结果。

恋恋开始录制注册脚本，录制的结果如下

```
Action()
{
    web_url("discuz",
        "URL=http://127.0.0.1/discuz/",
```

```
       "TargetFrame=",
       "Resource=0",
       "RecContentType=text/html",
       "Referer=",
       "Snapshot=t1.inf",
       "Mode=HTML",
       EXTRARES,
       "Url=static/image/common/background.png", "Referer=http://127.0.0.1/discuz/forum.
       php", ENDITEM,
       "Url=static/image/common/px.png", "Referer=http://127.0.0.1/discuz/forum.php",
       ENDITEM,
       "Url=static/image/common/qmenu.png", "Referer=http://127.0.0.1/discuz/forum.php",
       ENDITEM,
       "Url=static/image/common/nv.png", "Referer=http://127.0.0.1/discuz/forum.php",
       ENDITEM,
       "Url=static/image/common/search.gif", "Referer=http://127.0.0.1/discuz/forum.php",
       ENDITEM,
       "Url=static/image/common/nv_a.png", "Referer=http://127.0.0.1/discuz/forum.php",
       ENDITEM,
       "Url=static/image/common/chart.png", "Referer=http://127.0.0.1/discuz/forum.php",
       ENDITEM,
       "Url=static/image/common/titlebg.png", "Referer=http://127.0.0.1/discuz/forum.php",
       ENDITEM,
       "Url=static/image/common/loading.gif", "Referer=http://127.0.0.1/discuz/forum.php",
       ENDITEM,
       "Url=static/image/common/cls.gif", "Referer=http://127.0.0.1/discuz/forum.php",
       ENDITEM,
       "Url=static/image/common/right.gif", "Referer=http://127.0.0.1/discuz/forum.php",
       ENDITEM,
       LAST);

lr_think_time(6);

web_url("forum.php",
       "URL=http://127.0.0.1/discuz/forum.php?mod=ajax&infloat=register&handlekey= register&
       action=checkusername&username=yunyun&inajax=1&ajaxtarget=returnmessage4",
       "TargetFrame=",
       "Resource=0",
       "RecContentType=text/xml",
       "Referer=http://127.0.0.1/discuz/",
       "Snapshot=t2.inf",
       "Mode=HTML",
       LAST);

web_add_cookie("38We_2132_lastact=1462199686%09forum.php%09ajax; DOMAIN=127.0.0.1");

lr_think_time(16);

web_submit_data("member.php",
```

```
    "Action=http://127.0.0.1/discuz/member.php?mod=register&inajax=1",
    "Method=POST",
    "EncType=multipart/form-data",
    "TargetFrame=",
    "RecContentType=text/xml",
    "Referer=http://127.0.0.1/discuz/forum.php",
    "Snapshot=t3.inf",
    "Mode=HTML",
    ITEMDATA,
    "Name=regsubmit", "Value=yes", ENDITEM,
    "Name=formhash", "Value=f6868869", ENDITEM,
    "Name=referer", "Value=http://127.0.0.1/discuz/", ENDITEM,
    "Name=handlekey", "Value=register", ENDITEM,
    "Name=activationauth", "Value=", ENDITEM,
    "Name=username", "Value=yunyun", ENDITEM,
    "Name=password", "Value=yunyun874", ENDITEM,
    "Name=password2", "Value=yunyun874", ENDITEM,
    "Name=email", "Value=yunyun@cloudits.info", ENDITEM,
    LAST);

web_add_cookie("38We_2132_lastact=1462199704%09forum.php%09ajax; DOMAIN=127.0.0.1");

web_add_cookie("38We_2132_auth=d0a6122NfJm8bnCZNb4bdu3N4LFcMpRdf1ekSFRKzIBCWyb4rJ8q9
pRms%2BCaL3gaWr7TMc7xFuKyeTfudQLe; DOMAIN=127.0.0.1");

web_url("forum.php_2",
    "URL=http://127.0.0.1/discuz/forum.php?mod=ajax&infloat=register&handlekey= register&
    action=checkemail&email=yunyun@cloudits.info&inajax=1&ajaxtarget=returnmessage4",
    "TargetFrame=",
    "Resource=0",
    "RecContentType=text/xml",
    "Referer=http://127.0.0.1/discuz/",
    "Snapshot=t4.inf",
    "Mode=HTML",
    EXTRARES,
    "Url=static/image/common/check_error.gif", ENDITEM,
    LAST);

web_add_cookie("38We_2132_sid=ss8Vys; DOMAIN=127.0.0.1");

web_add_cookie("38We_2132_lastact=1462199708%09home.php%09spacecp; DOMAIN=127.0.0. 1");

web_add_cookie("38We_2132_checkpm=1; DOMAIN=127.0.0.1");

web_url("discuz_2",
    "URL=http://127.0.0.1/discuz/",
    "TargetFrame=",
    "Resource=0",
    "RecContentType=text/html",
```

```
        "Referer=http://127.0.0.1/discuz/forum.php",
        "Snapshot=t5.inf",
        "Mode=HTML",
        EXTRARES,
        "Url=static/image/common/popupcredit_bg.gif", "Referer=http://127.0.0.1/discuz/
        forum.php", ENDITEM,
        "Url=static/image/common/user_online.gif", "Referer=http://127.0.0.1/discuz/forum.
        php", ENDITEM,
        "Url=static/image/common/arrwd.gif", "Referer=http://127.0.0.1/discuz/forum.php",
        ENDITEM, LAST);

web_add_cookie("38We_2132_lastact=1462199714%09forum.php%09forumdisplay; DOMAIN=127.
0.0.1");

lr_think_time(4);

web_url("Ä¬ÈÏ°æ¿é",
        "URL=http://127.0.0.1/discuz/forum.php?mod=forumdisplay&fid=2",
        "TargetFrame=",
        "Resource=0",
        "RecContentType=text/html",
        "Referer=http://127.0.0.1/discuz/forum.php",
        "Snapshot=t6.inf",
        "Mode=HTML",
        EXTRARES,
        "Url=static/image/smiley/default/shocked.gif", "Referer=http://127.0.0.1/discuz/
        forum.php?mod=forumdisplay&fid=2", ENDITEM,
        "Url=static/image/smiley/default/cry.gif", "Referer=http://127.0.0.1/discuz/forum.
        php?mod=forumdisplay&fid=2", ENDITEM,
        "Url=static/image/smiley/default/huffy.gif", "Referer=http://127.0.0.1/discuz/
        forum.php?mod=forumdisplay&fid=2", ENDITEM,
        "Url=static/image/smiley/default/biggrin.gif", "Referer=http://127.0.0.1/discuz/
        forum.php?mod=forumdisplay&fid=2", ENDITEM,
        "Url=static/image/smiley/default/smile.gif", "Referer=http://127.0.0.1/discuz/
        forum.php?mod=forumdisplay&fid=2", ENDITEM,
        "Url=static/image/smiley/default/sad.gif", "Referer=http://127.0.0.1/discuz/
        forum.php?mod=forumdisplay&fid=2", ENDITEM,
        "Url=static/image/smiley/default/tongue.gif", "Referer=http://127.0.0.1/discuz/
        forum.php?mod=forumdisplay&fid=2", ENDITEM,
        "Url=static/image/smiley/default/sweat.gif", "Referer=http://127.0.0.1/discuz/
        forum.php?mod=forumdisplay&fid=2", ENDITEM,
        "Url=static/image/smiley/default/shy.gif", "Referer=http://127.0.0.1/discuz/
        forum.php?mod=forumdisplay&fid=2", ENDITEM,
        "Url=static/image/smiley/default/titter.gif", "Referer=http://127.0.0.1/discuz/
        forum.php?mod=forumdisplay&fid=2", ENDITEM,
        "Url=static/image/smiley/default/mad.gif", "Referer=http://127.0.0.1/discuz/forum.
        php?mod=forumdisplay&fid=2", ENDITEM,
        "Url=static/image/common/fav.gif", "Referer=http://127.0.0.1/discuz/forum.php?
        mod=forumdisplay&fid=2", ENDITEM,
```

```
	"Url=static/image/common/pt_item.png", "Referer=http://127.0.0.1/discuz/forum.php?
mod=forumdisplay&fid=2", ENDITEM,
	"Url=static/image/common/new_pm.gif", "Referer=http://127.0.0.1/discuz/forum.php?
mod=forumdisplay&fid=2", ENDITEM,
	"Url=static/image/common/feed.gif", "Referer=http://127.0.0.1/discuz/forum.php?
mod=forumdisplay&fid=2", ENDITEM,
	"Url=static/image/common/arw_l.gif", "Referer=http://127.0.0.1/discuz/forum.php?
mod=forumdisplay&fid=2", ENDITEM,
	"Url=static/image/common/pt_icn.png", "Referer=http://127.0.0.1/discuz/forum.php?
mod=forumdisplay&fid=2", ENDITEM,
	"Url=static/image/common/arw_r.gif", "Referer=http://127.0.0.1/discuz/forum.php?
mod=forumdisplay&fid=2", ENDITEM,
	"Url=static/image/editor/editor.gif", "Referer=http://127.0.0.1/discuz/forum.php?
mod=forumdisplay&fid=2", ENDITEM,
	"Url=static/image/common/atarget.png", "Referer=http://127.0.0.1/discuz/forum.php?
mod=forumdisplay&fid=2", ENDITEM,
	"Url=static/image/smiley/default/loveliness.gif", "Referer=http://127.0.0.1/
discuz/forum.php?mod=forumdisplay&fid=2", ENDITEM,
	"Url=static/image/smiley/default/lol.gif", "Referer=http://127.0.0.1/discuz/
forum.php?mod=forumdisplay&fid=2", ENDITEM,
	"Url=static/image/smiley/default/funk.gif", "Referer=http://127.0.0.1/discuz/forum.
php?mod=forumdisplay&fid=2", ENDITEM,
	"Url=static/image/smiley/default/curse.gif", "Referer=http://127.0.0.1/discuz/
forum.php?mod=forumdisplay&fid=2", ENDITEM,
	"Url=static/image/smiley/default/sleepy.gif", "Referer=http://127.0.0.1/discuz/
forum.php?mod=forumdisplay&fid=2", ENDITEM,
	"Url=static/image/smiley/default/dizzy.gif", "Referer=http://127.0.0.1/discuz/
forum.php?mod=forumdisplay&fid=2", ENDITEM,
	"Url=static/image/smiley/default/hug.gif", "Referer=http://127.0.0.1/discuz/
forum.php?mod=forumdisplay&fid=2", ENDITEM,
	"Url=static/image/smiley/default/victory.gif", "Referer=http://127.0.0.1/discuz/
forum.php?mod=forumdisplay&fid=2", ENDITEM,
	"Url=static/image/smiley/default/time.gif", "Referer=http://127.0.0.1/discuz/
forum.php?mod=forumdisplay&fid=2", ENDITEM,
	"Url=static/image/smiley/default/shutup.gif", "Referer=http://127.0.0.1/discuz/
forum.php?mod=forumdisplay&fid=2", ENDITEM,
	"Url=static/image/smiley/default/kiss.gif", "Referer=http://127.0.0.1/discuz/
forum.php?mod=forumdisplay&fid=2", ENDITEM,
	"Url=static/image/smiley/default/handshake.gif", "Referer=http://127.0.0.1/discuz/
forum.php?mod=forumdisplay&fid=2", ENDITEM,
	"Url=static/image/smiley/default/call.gif", "Referer=http://127.0.0.1/discuz/
forum.php?mod=forumdisplay&fid=2", ENDITEM,
	"Url=static/image/common/pollsmall.gif", "Referer=http://127.0.0.1/discuz/forum.
php?mod=forumdisplay&fid=2", ENDITEM, LAST);

web_add_cookie("38We_2132_lastact=1462199718%09forum.php%09post; DOMAIN=127.0.0.1");

web_url(".ß¼¶Ä£Ê½",
	"URL=http://127.0.0.1/discuz/forum.php?mod=post&action=newthread&fid=2",
```

```
            "TargetFrame=",
            "Resource=0",
            "RecContentType=text/html",
            "Referer=http://127.0.0.1/discuz/forum.php?mod=forumdisplay&fid=2",
            "Snapshot=t7.inf",
            "Mode=HTML",
            EXTRARES,
            "Url=static/image/common/card_btn.png", "Referer=http://127.0.0.1/discuz/forum.
            php?mod=post&action=newthread&fid=2", ENDITEM,
            "Url=static/image/common/notice.gif", "Referer=http://127.0.0.1/discuz/forum.php?
            mod=post&action=newthread&fid=2", ENDITEM,
            "Url=static/image/common/upload.swf?site=/discuz/misc.php%3fmod=swfupload% 26type=
            image%26fid=2&type=image&random=yECy", "Referer=http://127.0.0.1/discuz/forum.php?
            mod=post&action=newthread&fid=2", ENDITEM,
            "Url=static/image/common/upload.swf?site=/discuz/misc.php%3fmod=swfupload%26fid=2
            &random=On75", "Referer=http://127.0.0.1/discuz/forum.php?mod=post&action=newthread&
            fid=2", ENDITEM, LAST);


web_add_cookie("38We_2132_lastact=1462199790%09forum.php%09post; DOMAIN=127.0.0.1");


web_add_cookie("38We_2132_lastact=1462199790%09forum.php%09viewthread; DOMAIN=127.0. 0.1");


web_add_cookie("38We_2132_oldtopics=D867D866D; DOMAIN=127.0.0.1");


web_add_cookie("38We_2132_fid2=1462199790; DOMAIN=127.0.0.1");


web_submit_data("forum.php_3",
    "Action=http://127.0.0.1/discuz/forum.php?mod=post&action=newthread&fid=2&extra=
    &topicsubmit=yes",
    "Method=POST",
    "TargetFrame=",
    "RecContentType=text/html",
    "Referer=http://127.0.0.1/discuz/forum.php?mod=post&action=newthread&fid=2",
    "Snapshot=t8.inf",
    "Mode=HTML",
    ITEMDATA,
    "Name=formhash", "Value=a1735ba2", ENDITEM,
    "Name=posttime", "Value=1462199718", ENDITEM,
    "Name=wysiwyg", "Value=1", ENDITEM,
    "Name=subject", "Value=´ô´ôÑòÑòÀ´ ·¢Ìû", ENDITEM,
    "Name=message", "Value=ÃÀÃÀ¹ ·¹ ·ÁïÁïÑò", ENDITEM,
    "Name=save", "Value=", ENDITEM,
    "Name=uploadalbum", "Value=", ENDITEM,
    "Name=newalbum", "Value=", ENDITEM,
    "Name=usesig", "Value=1", ENDITEM,
    "Name=allownoticeauthor", "Value=1", ENDITEM,
    EXTRARES,
    "Url=data/cache/style_1_forum_viewthread.css?z69", "Referer=http://127.0.0.1/
    discuz/forum.php?mod=viewthread&tid=867&extra=", ENDITEM,
```

```
            "Url=static/js/forum_viewthread.js?z69", "Referer=http://127.0.0.1/discuz/forum.
        php?mod=viewthread&tid=867&extra=", ENDITEM,
            "Url=uc_server/images/noavatar_middle.gif", "Referer=http://127.0.0.1/discuz/forum.
        php?mod=viewthread&tid=867&extra=", ENDITEM, LAST);

    web_add_cookie("38We_2132_lastact=1462199791%09home.php%09spacecp; DOMAIN=127.0. 0.1");

    web_custom_request("home.php",
            "URL=http://127.0.0.1/discuz/home.php?mod=spacecp&ac=pm&op=checknewpm&rand=
        1462199790",
            "Method=GET",
            "TargetFrame=",
            "Resource=0",
            "RecContentType=text/html",
            "Referer=http://127.0.0.1/discuz/forum.php?mod=viewthread&tid=867&extra=",
            "Snapshot=t9.inf",
            "Mode=HTML",
            "EncType=application/x-www-form-urlencoded",
            EXTRARES,
            "Url=static/image/common/flbg.gif", "Referer=http://127.0.0.1/discuz/forum.php?
        mod=viewthread&tid=867&extra=", ENDITEM,
            "Url=static/image/common/rec_subtract.gif", "Referer=http://127.0.0.1/discuz/
        forum.php?mod=viewthread&tid=867&extra=", ENDITEM,
            "Url=static/image/common/oshr.png", "Referer=http://127.0.0.1/discuz/forum.php?
        mod=viewthread&tid=867&extra=", ENDITEM,
            "Url=static/image/common/midavt_shadow.gif", "Referer=http://127.0.0.1/discuz/
        forum.php?mod=viewthread&tid=867&extra=", ENDITEM,
            "Url=static/image/common/fastreply.gif", "Referer=http://127.0.0.1/discuz/forum.
        php?mod=viewthread&tid=867&extra=", ENDITEM,
            "Url=static/image/common/rec_add.gif", "Referer=http://127.0.0.1/discuz/forum.php?
        mod=viewthread&tid=867&extra=", ENDITEM,
            "Url=static/image/common/repquote.gif", "Referer=http://127.0.0.1/discuz/forum.
        php?mod=viewthread&tid=867&extra=", ENDITEM,
            "Url=static/image/common/edit.gif", "Referer=http://127.0.0.1/discuz/forum.php?
        mod=viewthread&tid=867&extra=", ENDITEM, LAST);

    return 0;
}
```

云云：录制出来的东西现在能看懂吗？

恋恋：差不多吧，基本上都能看懂，就是不太明白中间这个请求，forum.php 这个页面调用了是在干嘛的。

云云：不错哦，其实这个东西是一个 Ajax，以后再给你说吧，你现在可以无视它的存在。接着你回放一下这个脚本，再看看结果。

恋恋(按下 F5 键)：运行一切顺利，而且我还去看了 Test Result 里面显示的也是 PASSED。

云云：你确定认真看结果了么？

恋恋：让我再看看。注册过一次的账户应该再次注册不成功吧，Test Result 里面的截图也告诉我该用户名已经注册，为什么 LoadRunner 没有报错呢，明明就没做成功啊。

云云：LoadRunner 怎么知道错与对呢？对于工具来说，它判断正确与否的唯一方法就是 HTTP 状态，就是那个 200 或者是 404 之类的东西。

恋恋：貌似你好像说过。

云云：我有说过么？

恋恋：这两天你没说过，但是平常你经常说，还经常吐槽网友的内容，就说他们连 HTTP 状态都不知道！

云云：好吧，这个东西确实蛮基础的，本质上可以这样解释，你问我 3+2 等于几，我回答 4，你有两层判断：

（1）我回答地很快

（2）我回答的结果和你想要的结果是相同的。

恋恋：不明白！

云云：不就是你说过的么，做不做是态度问题，做不做的好是能力问题。所以服务器返回的状态是态度问题，只能看态度。而二级检查就是看能力。LoadRunner 能够判断到一级的态度是正确的，但不能判断结果的内容是否正确。

恋恋：大概有点概念了，反应首先要快，认错要快但是屡教不改，是不是啊。

云云：额，大概就是这个意思。其实 LoadRunner 也会检查，要写个检查点函数就行了，现在还没讲到。

恋恋：那么现在脚本跑了，不成功怎么办呢。

云云：简单说就是要让数据动起来，就是参数化。

恋恋：那怎么参数化呢？

云云：我们先不讲复杂的变量和参数的互换，我们就从最简单的讲起。

恋恋：嗯，好的。

云云：打开刚才录制的注册脚本，找到用户名和邮箱。

恋恋：为什么要找这个啊？

云云：因为你提交的这两个东西系统会认为已注册了，就不会再给你注册成功的提醒。

恋恋：哦，原来如此，是这些代码吧，如图 2-11 所示。

云云：对的，就是这块，你能看到你提交的 username 和 email 是两个表单属性，你提交到服务器的值（通过 POST 方式）是 yunyun 和 yunyun874。接着你选择其中 username 对应的 yunyun 数据并单击鼠标右键，在这里访问 "Replace with a Parameter" 下的 "Create New Parameter"，如图 2-12 所示。

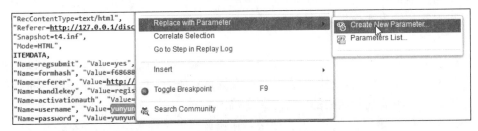

```
web_submit_data("member.php_2",
    "Action=http://127.0.0.1/discuz/member.php?mod=register&inajax=1",
    "Method=POST",
    "EncType=multipart/form-data",
    "TargetFrame=",
    "RecContentType=text/html",
    "Referer=http://127.0.0.1/discuz/forum.php",
    "Snapshot=t4.inf",
    "Mode=HTML",
    ITEMDATA,
    "Name=regsubmit", "Value=yes", ENDITEM,
    "Name=formhash", "Value=f6868869", ENDITEM,
    "Name=referer", "Value=http://127.0.0.1/discuz/", ENDITEM,
    "Name=handlekey", "Value=register", ENDITEM,
    "Name=activationauth", "Value=", ENDITEM,
    "Name=username", "Value=yunyun", ENDITEM,
    "Name=password", "Value=yunyun874", ENDITEM,
    "Name=password2", "Value=yunyun874", ENDITEM,
    "Name=email", "Value=yunyun@cloudits.info", ENDITEM,
    LAST);
```

图 2-11

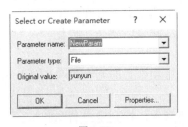

图 2-12

接着使用默认的 NewParam 参数名和参数类型，单击"OK"确定，如图 2-13 所示。

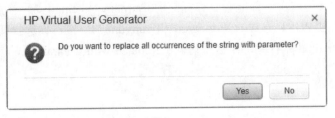

图 2-13

这里 LoadRunner 会提示是否需要替换所有的配对数据，在不太清楚整个脚本数据情况下，建议选择"NO"不要替换，如图 2-14 所示。

图 2-14

恋恋：嗯，我来操作一下。代码发生了变化，刚才选中的东西被替换成了{NewParam}，还有个淡蓝色的方块，如图 2-15 所示。

```
"Name=handlekey", "Value=register", ENDITEM,
"Name=activationauth", "Value=", ENDITEM,
"Name=username", "Value={NewParam}", ENDITEM,
"Name=password", "Value=yunyun874", ENDITEM,
"Name=password2", "Value=yunyun874", ENDITEM,
```

图 2-15

云云：对，这就是参数化后的效果。通过这种模式做出来的参数会有个框，不过记住不是所有的参数都是有框的，在 Web 协议中参数都是用{}包围的。

恋恋：哦，然后呢？

云云：接着你把这个参数复制一次到电子邮件的字段上替换掉@前的内容。

恋恋：这样就是让 username 和 email 都用同一个参数动态对吧？

云云：聪明！

恋恋：那么代码变成这个样子了，如图 2-16 所示。

```
"Name=activationauth", "Value=", ENDITEM,
"Name=username", "Value={NewParam}", ENDITEM,
"Name=password", "Value=yunyun874", ENDITEM,
"Name=password2", "Value=yunyun874", ENDITEM, |
"Name=email", "Value={NewParam}@cloudits.info", ENDITEM,
```

图 2-16

云云：接着我们要让他们动起来。按快捷键 Ctrl+L 或菜单 "Design" 下的 "Parameters"，找到 "Parameters List" 功能，如图 2-17 所示。

可以看到我们前面替换的值就在中间，只要修改它，那么代码运行时候的值就会跟着变。

恋恋：这是一个变量吧。

云云：对，这就是个高级变量。接着你可以修改一下这个内容，然后再运行一次看看是不是就通过了。

恋恋：（几分钟后）嗯，这次真的用户注册成功了。

云云：这里给你个小技巧，有时候你不知道参数化的数据对不对，那么有两个办法可以让你知道：

（1）在运行测试中打开参数日志，运行完成通过日志检查。

（2）在运行时通过断点和运行数据完成检查。

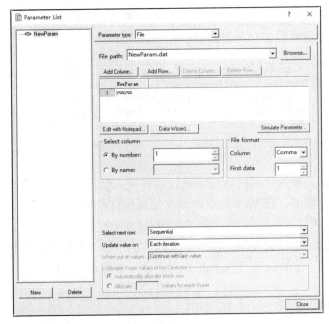

图 2-17

恋恋：具体点，这和没说一样！

云云：简单介绍一下：

（1）在运行日志中启动这些选项后，运行代码就会标记为蓝色日志，如图 2-18 所示。

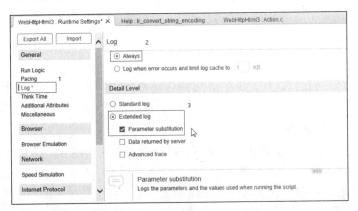

图 2-18

（2）使用 F9 键在代码中设置断点，否则太快了你可能来不及看，断点的代码会用红色标记出来，然后单击运行代码，如图 2-19 所示。

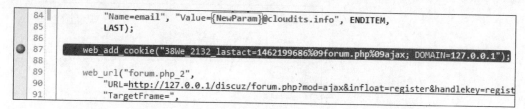

```
84        "Name=email", "Value={NewParam}@cloudits.info", ENDITEM,
85        LAST);
86
87   web_add_cookie("38We_2132_lastact=1462199686%09forum.php%09ajax; DOMAIN=127.0.0.1");
88
89   web_url("forum.php_2",
90        "URL=http://127.0.0.1/discuz/forum.php?mod=ajax&infloat=register&handlekey=regist
91        "TargetFrame=",
```

图 2-19

在代码运行时底部会多一个 Rumtime Data 的标签，里面就能看到参数值，如图 2-20 所示。

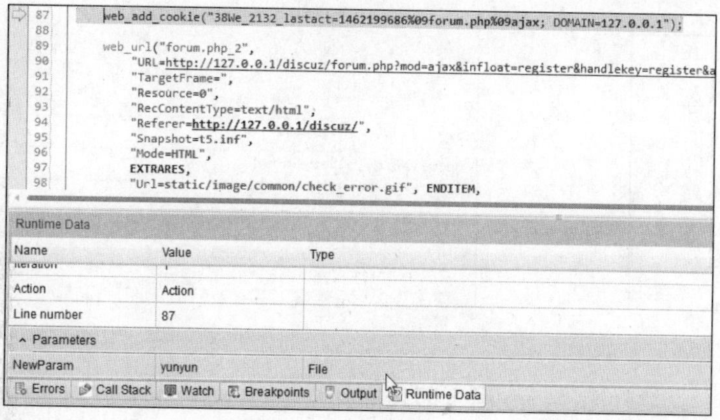

图 2-20

两种方式明白了吗？

恋恋：真复杂！

云云：了解代码如何运行是调试的最基本技能，这个很重要的。

恋恋：知道啦。

云云：最后问你一个高级点的问题，我现在要注册很多很多用户怎么办？

恋恋：如果写几十个用户名，估计手写一下问题不大，但是要是写几十万肯定就困难了，难道写代码？

云云：这里有两个办法，一个是用 Excel，另一个是写代码。

恋恋：那你快详细介绍一下。

云云：好的。

云云：首先来说一下 Excel 的方法，Excel 中的魔术拖曳一般大家都会，就是写几个记录，然后通过记录右下角拖拉的方式可以生成一堆顺序数据，如图 2-21 所示。

接着拖动出你要的数据数量，另存为 csv 格式，就是逗号分隔符格式（这个格式 LR 的参数化是支持的），最后要做的事情就是把参数化指向切到这个文件上就行了，为了避免一些误解，建议把这个文件后缀改成.dat 文件，并且放在脚本目录下，如图 2-22 所示。

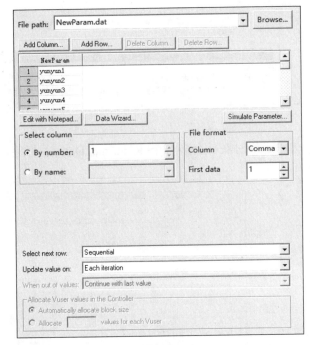

图 2-21   图 2-22

单击"Browse"选择刚才另存出来的文件就行了。

恋恋：这么简单啊，我记得 UE 貌似还有列编辑功能，是不是还能整体调整？

云云：列编辑都知道啊，确实是这样的。

掌握基本的 ParameterList 参数管理及基本使用原理。

2.5 参数和变量

云云：接着来说一下关于编程实现的方式，编程实现有两条路径：一个是走纯变量，另一个是走变量转参数。

恋恋：变量和参数有什么区别来着？

云云：前面不是说过么，参数是特殊的变量，参数是 LR（LoadRunner 的缩写）级别的，变量是 C 级别的。变量是属于语言体系的，所以它需要符合 C 语言或者当前脚本语言体系的基本语法规范，比如：

```
Action()
{
```

```
    int c;
    char x[100];
    char *y;
    c=10;
    strcpy(x,"abc");
    y="aya i love you";
    lr_output_message("%d",c);
    lr_output_message(x);
    lr_output_message(y);
    return 0;
}
```

这里我用了 3 种变量，整型、字符串数组、指针型字符串，并且对其进行了赋值以及输出。

恋恋：C 语言我懂，当年大学我 C 语言学的可好了，输出是 system.out.print，对吧。

云云：那是 Java，C 语言是 sprintf。

恋恋：快讲参数！

云云：在 LR 中还有一种东西就是参数，其实前面你一直在用，但是用了所谓的参数化的概念，所谓的参数就是你看到可以用 "{}" 访问的内容，我们通过一个代码可以将参数的值转化为变量，也可以通过另外一个参数把变量转化为参数。

恋恋：貌似好像，也许，确实讲过。

云云：看懂下面的代码，我们就可以准备出门了。

```
Action()
{
  char *y;
  y="aya i love you";
  lr_save_string(y,"temp");
  lr_output_message(lr_eval_string("{temp}"));
  return 0;
}
```

恋恋：让我运行一下看看。

（几分钟过去后）

恋恋：哈哈，以我的聪明才智还能搞不定你这点小问题，这里 temp 是一个参数，你写了个函数 lr_save_string 把变量 y 的值保存到了 temp 中，然后我记得 lr_output_message 后面要带字符串，所以你用 lr_eval_string 把 temp 参数的值取了出来转成了字符串，所以最后就输出了，对吧。

云云：赞许地点了点头。那么要做大量数据参数化怎么办呢？

恋恋：我来写个代码看看。

```
Action()
{
  int i;
```

```
for(i=0;i<10;i++)
{
lr_save_string(i,"temp");
lr_output_message(lr_eval_string("{temp}"));
}
return 0;
}
```

奇怪为啥运行不起来呢？

云云：C 语言的语法比较严谨，在这里 lr_save_string 需要把一个字符串保存到一个参数中去，但是 i 是一个整型。

恋恋：那该怎么办呢？

云云：其实解决办法很简单，按一下 F1 键试试！

恋恋：我想偷懒，算了我还是自己试试。

恋恋：我就知道很简单，帮助里面有个 lr_save_int 函数，这个东西就能把整型放进参数，看代码。

```
Action()
{
 int i;
 for(i=0;i<10;i++)
 {
lr_save_int(i,"temp");
lr_output_message(lr_eval_string("{temp}"));
 }
 return 0;
}
```

云云：嗯，但是你这个是数字，如果要用字符串呢？

恋恋：是不是还要别的函数啊？

云云：是的，算了这个不考你了，你看看我写的代码就懂了。

```
Action()
{
 int i;
 char *y;
 char x[100];
 y="aya i love you";
 for(i=0;i<10;i++)
 {
sprintf(x, "cloud_%s%d", y, i);
lr_save_string(x,"temp");
lr_output_message(lr_eval_string("{temp}"));
 }
 return 0;
}
```

看懂我们就出门吃饭！

恋恋：sprintf 这个函数好厉害，懂了，快出发吧！

小结

能够区分变量和参数，熟悉参数变量的转换，对参数的跟踪有一定的了解。

2.6 第二个性能测试案例

云云：烤鱼吃得很爽。

恋恋：就是你非要吃香辣味的，害得我嘴巴都麻了。

云云：香辣味的好吃，就是鲶鱼吃得有点腻，能吃黑鱼就好了。

恋恋：下次多找几个人一起吃饭啊，这下他们生意就更好了。

云云：那么我问你一下点一样的鱼和点不同的鱼有什么区别？

恋恋：嘿，你又要考我啦，其实刚才你还没提问，我脑子里面就在想这个问题了。

云云：哦，美美狗开窍了？

恋恋：不但我是美美狗还是聪聪狗，你那点小花样我早看出来了。

云云：那么你说说，让我欣赏一下你的"光芒"。

恋恋：这个问题按照你的思路，我可以先从我公司门口的食堂说起，一般食堂都有固定的菜色，因为烧同样的东西处理能力强、成本低，而如果为每一个顾客单独炒菜，那么成本就会高很多。

云云：你这个跑题有点远啊！

恋恋：所以作为顾客，我们一般几个人都点相同的菜，这样厨子烧的快，无论从配菜，到烧菜都会并行处理。总的来说就是，如果每个人都要不同的东西，会让一个饭店很忙，处理能力降低，而如果要的东西类似，那么就会极大地提高处理效率，从而增加营业额。

云云：哎哟，貌似靠谱了。

恋恋：作为软件系统来说也是这样，如果每次对服务器发出的请求不同，那么服务器也会为每一个请求单独计算，从而会让服务器很忙，提高效率就是要让客户做的事情尽量相同，然后服务器就可以并行处理了。

云云：嗯，不错，不过有些不太专业。

恋恋：比如 A 和 B 做相同的请求，那么对于数据库来说查询的内容都相同，那么就可以只计算一次，然后内容就可以一次发给客户啦，就好像两个人都点宫保鸡丁炒饭一样，一次炒制，两盘出锅。

云云：虽然请求相同，但是可能因为业务不同而导致结果不同啊，比如 A 是管理员能看所有的记录，而 B 是普通用户只能看自己的记录！

恋恋：这个……

云云：那你觉得请求应该相同还是不相同呢？

恋恋：我觉得请求应该不同，因为你既然让我把脚本动起来，还给我说怎么做参数变量、处理业务，本质上就是要让每次输入的东西都不一样。

云云：没错，如果每次请求都一样，那么服务器会自动使用 Cache 机制，这也是一个使服务器提高处理能力的策略，当发现请求或者查询内容相同，系统会先从缓存（内存）中查找是否存在匹配的记录，如果有就返回，否则就执行一次，将结果存放入缓存，唯一特例就是所谓的要做及时查询，就是锁概念。

恋恋：嗯，我也听说过什么 MemCache、PGA&SGA 还有啥 JVM 内存管理，都是和缓存有关系，锁这个概念我就不太懂了。

云云：锁这个概念怎么说呢，这样吧，你知道 12306 买火车票难吧。

恋恋：知道啊，不知道谁做那么差个系统，查个火车票都经常刷不出来。

云云：这就叫做外行看热闹，内行看门道。其实做火车订票系统是很难的，因为查票是及时的，要锁定票。

恋恋：Go on !

云云：每当一张票被订的时候，所有的查询都要得到全新的少了一张票的情况，所有的订票都要告诉别人这个位置的这个票已经被订了。所以当成千上万的人去买票的时候，一张票被锁定会影响几万个查询，每次查询都不能用 Cache，否则会得到错误的信息，你明明看到这个票有，但是订的时候却失败。

恋恋：Go on !

云云：这里面还有更复杂的业务，比如从上海到北京的高铁，如果我订了一张从南京到天津的票，就意味着会多一张上海到南京的票，还有一张从天津到北京的票！

恋恋：那么怎么优化呢？

云云：很简单，首先不要做及时查询，例如不要直接给每个客户看有多少张剩票，其次当一张票订了后，不要立即计算出可能导致生成的部分路程的票，最后将坐全程的票和坐半程的票位置分开做表分离，这样就算买了半程票影响的记录会比较少，处理起来相对简单，让专门的服务器去处理多程票！

恋恋：来吃个梨，你看又进入状态了吧，后面一个人就亢奋的说啊说啊，完全不管别人懂不懂。

云云：真是好心没有好报，看在你给我削梨的举动上就原谅你了。睡觉前是不是可以做第二个性能测试案例了啊。

恋恋：今天晚上要做啥啊？

云云：做一个脚本比较一下点击相同的帖子和点击不同的帖子的性能有何区别！

恋恋：好，开工。

小结

　理解动态访问会带来的负载点及系统处理业务的逻辑概念。

录制脚本运行

恋恋：打开 LR 启动 VuGen 录制一个脚本。

云云：别忘了你首先要有那么多帖子，否则你查询不到。

恋恋：对，那么先录一个生成帖子的脚本吧。

（几分钟过去后）

恋恋：脚本生成。

```
Action()
{
    int i;
    web_add_cookie("38We_2132_sid=NDgF6W; DOMAIN=127.0.0.1");

    web_add_cookie("38We_2132_lastvisit=1462200716; DOMAIN=127.0.0.1");

    web_add_cookie("38We_2132_lastact=1462204316%09home.php%09misc; DOMAIN=127.0.0.1");

    web_add_cookie("38We_2132_onlineusernum=1; DOMAIN=127.0.0.1");

    web_add_cookie("38We_2132_sendmail=1; DOMAIN=127.0.0.1");

    web_url("discuz",
        "URL=http://127.0.0.1/discuz/",
        "TargetFrame=",
        "Resource=0",
        "RecContentType=text/html",
        "Referer=",
        "Snapshot=t2.inf",
        "Mode=HTML",
        EXTRARES,
        "Url=static/image/common/background.png", "Referer=http://127.0.0.1/discuz/forum.
        php", ENDITEM,
        "Url=static/image/common/search.gif", "Referer=http://127.0.0.1/discuz/forum.php",
        ENDITEM,
        "Url=static/image/common/chart.png", "Referer=http://127.0.0.1/discuz/forum.php",
        ENDITEM,
        "Url=static/image/common/px.png", "Referer=http://127.0.0.1/discuz/forum.php",
        ENDITEM,
        "Url=static/image/common/qmenu.png", "Referer=http://127.0.0.1/discuz/forum.php",
        ENDITEM,
        "Url=static/image/common/nv.png", "Referer=http://127.0.0.1/discuz/forum.php",
        ENDITEM,
        "Url=static/image/common/titlebg.png", "Referer=http://127.0.0.1/discuz/forum.
```

```
    php", ENDITEM,
    "Url=static/image/common/nv_a.png", "Referer=http://127.0.0.1/discuz/forum.php",
    ENDITEM,
    "Url=static/image/common/cls.gif", "Referer=http://127.0.0.1/discuz/forum.php",
    ENDITEM,
    LAST);

web_submit_data("member.php",
    "Action=http://127.0.0.1/discuz/member.php?mod=logging&action=login&loginsubmit
    =yes&infloat=yes&inajax=1",
    "Method=POST",
    "TargetFrame=",
    "RecContentType=text/html",
    "Referer=http://127.0.0.1/discuz/forum.php",
    "Snapshot=t3.inf",
    "Mode=HTML",
    ITEMDATA,
    "Name=fastloginfield", "Value=username", ENDITEM,
    "Name=username", "Value=admin", ENDITEM,
    "Name=password", "Value=123456", ENDITEM,
    "Name=quickforward", "Value=yes", ENDITEM,
    "Name=handlekey", "Value=ls", ENDITEM,
    "Name=questionid", "Value=0", ENDITEM,
    "Name=answer", "Value=", ENDITEM,
    LAST);

web_add_cookie("38We_2132_lastact=1462204476%09forum.php%09; DOMAIN=127.0.0.1");

web_url("forum.php",
    "URL=http://127.0.0.1/discuz/forum.php",
    "TargetFrame=",
    "Resource=0",
    "RecContentType=text/html",
    "Referer=http://127.0.0.1/discuz/forum.php",
    "Snapshot=t4.inf",
    "Mode=HTML",
    EXTRARES,
    "Url=uc_server/images/noavatar_small.gif", ENDITEM,
    "Url=static/image/common/user_online.gif", ENDITEM,
    "Url=static/image/common/arrwd.gif", ENDITEM,
    LAST);

web_add_cookie("38We_2132_checkpm=1; DOMAIN=127.0.0.1");

web_add_cookie("38We_2132_smile=1D1; DOMAIN=127.0.0.1");

web_url("默认版块",
    "URL=http://127.0.0.1/discuz/forum.php?mod=forumdisplay&fid=2",
    "TargetFrame=",
    "Resource=0",
```

"RecContentType=text/html",
"Referer=http://127.0.0.1/discuz/forum.php",
"Snapshot=t5.inf",
"Mode=HTML",
EXTRARES,
"Url=data/cache/style_1_forum_moderator.css?z69", "Referer=http://127.0.0.1/
discuz/forum.php?mod=forumdisplay&fid=2", ENDITEM,
"Url=static/image/smiley/default/smile.gif", "Referer=http://127.0.0.1/discuz/
forum.php?mod=forumdisplay&fid=2", ENDITEM,
"Url=static/image/smiley/default/sad.gif", "Referer=http://127.0.0.1/discuz/
forum.php?mod=forumdisplay&fid=2", ENDITEM,
"Url=static/image/smiley/default/cry.gif", "Referer=http://127.0.0.1/discuz/
forum.php?mod=forumdisplay&fid=2", ENDITEM,
"Url=static/image/smiley/default/biggrin.gif", "Referer=http://127.0.0.1/discuz/
forum.php?mod=forumdisplay&fid=2", ENDITEM,
"Url=static/image/smiley/default/shocked.gif", "Referer=http://127.0.0.1/discuz/
forum.php?mod=forumdisplay&fid=2", ENDITEM,
"Url=static/image/smiley/default/huffy.gif", "Referer=http://127.0.0.1/discuz/
forum.php?mod=forumdisplay&fid=2", ENDITEM,
"Url=static/image/smiley/default/shy.gif", "Referer=http://127.0.0.1/discuz/
forum.php?mod=forumdisplay&fid=2", ENDITEM,
"Url=static/image/smiley/default/tongue.gif", "Referer=http://127.0.0.1/discuz/
forum.php?mod=forumdisplay&fid=2", ENDITEM,
"Url=static/image/smiley/default/mad.gif", "Referer=http://127.0.0.1/discuz/
forum.php?mod=forumdisplay&fid=2", ENDITEM,
"Url=static/image/smiley/default/titter.gif", "Referer=http://127.0.0.1/discuz/
forum.php?mod=forumdisplay&fid=2", ENDITEM,
"Url=static/image/smiley/default/sweat.gif", "Referer=http://127.0.0.1/discuz/
forum.php?mod=forumdisplay&fid=2", ENDITEM,
"Url=static/image/smiley/default/loveliness.gif", "Referer=http://127.0.0.1/
discuz/forum.php?mod=forumdisplay&fid=2", ENDITEM,
"Url=static/image/smiley/default/funk.gif", "Referer=http://127.0.0.1/discuz/
forum.php?mod=forumdisplay&fid=2", ENDITEM,
"Url=static/image/smiley/default/lol.gif", "Referer=http://127.0.0.1/discuz/
forum.php?mod=forumdisplay&fid=2", ENDITEM,
"Url=static/image/smiley/default/curse.gif", "Referer=http://127.0.0.1/discuz/
forum.php?mod=forumdisplay&fid=2", ENDITEM,
"Url=static/image/smiley/default/hug.gif", "Referer=http://127.0.0.1/discuz/
forum.php?mod=forumdisplay&fid=2", ENDITEM,
"Url=static/image/smiley/default/sleepy.gif", "Referer=http://127.0.0.1/discuz/
forum.php?mod=forumdisplay&fid=2", ENDITEM,
"Url=static/image/smiley/default/time.gif", "Referer=http://127.0.0.1/discuz/
forum.php?mod=forumdisplay&fid=2", ENDITEM,
"Url=static/image/smiley/default/dizzy.gif", "Referer=http://127.0.0.1/discuz/
forum.php?mod=forumdisplay&fid=2", ENDITEM,
"Url=static/image/smiley/default/shutup.gif", "Referer=http://127.0.0.1/discuz/
forum.php?mod=forumdisplay&fid=2", ENDITEM,
"Url=static/image/smiley/default/victory.gif", "Referer=http://127.0.0.1/discuz/
forum.php?mod=forumdisplay&fid=2", ENDITEM,
"Url=static/image/smiley/default/kiss.gif", "Referer=http://127.0.0.1/discuz/

```
        forum.php?mod=forumdisplay&fid=2", ENDITEM,
        "Url=static/image/smiley/default/call.gif", "Referer=http://127.0.0.1/discuz/
        forum.php?mod=forumdisplay&fid=2", ENDITEM,
        "Url=static/image/smiley/default/handshake.gif", "Referer=http://127.0.0.1/
        discuz/forum.php?mod=forumdisplay&fid=2", ENDITEM,
        "Url=static/image/common/pt_icn.png", "Referer=http://127.0.0.1/discuz/forum.php?
        mod=forumdisplay&fid=2", ENDITEM,
        "Url=static/image/common/arw_r.gif", "Referer=http://127.0.0.1/discuz/forum.php?
        mod=forumdisplay&fid=2", ENDITEM,
        "Url=static/image/common/fav.gif", "Referer=http://127.0.0.1/discuz/forum.php?
        mod=forumdisplay&fid=2", ENDITEM,
        "Url=static/image/common/arw_l.gif", "Referer=http://127.0.0.1/discuz/forum.php?
        mod=forumdisplay&fid=2", ENDITEM,
        "Url=static/image/common/feed.gif", "Referer=http://127.0.0.1/discuz/forum.php?
        mod=forumdisplay&fid=2", ENDITEM,
        "Url=static/image/common/pt_item.png", "Referer=http://127.0.0.1/discuz/forum.
        php?mod=forumdisplay&fid=2", ENDITEM,
        "Url=static/image/common/recyclebin.gif", "Referer=http://127.0.0.1/discuz/forum.
        php?mod=forumdisplay&fid=2", ENDITEM,
        "Url=static/image/common/atarget.png", "Referer=http://127.0.0.1/discuz/forum.
        php?mod=forumdisplay&fid=2", ENDITEM,
        "Url=static/image/editor/editor.gif", "Referer=http://127.0.0.1/discuz/forum.
        php?mod=forumdisplay&fid=2", ENDITEM,
        "Url=static/image/common/mdly.png", "Referer=http://127.0.0.1/discuz/forum.
        php?mod=forumdisplay&fid=2", ENDITEM,
        "Url=static/image/common/pollsmall.gif", "Referer=http://127.0.0.1/discuz/forum.
        php?mod=forumdisplay&fid=2", ENDITEM,
        LAST);

web_add_cookie("38We_2132_editormode_e=1; DOMAIN=127.0.0.1");

web_url("高级模式",
        "URL=http://127.0.0.1/discuz/forum.php?mod=post&action=newthread&fid=2",
        "TargetFrame=",
        "Resource=0",
        "RecContentType=text/html",
        "Referer=http://127.0.0.1/discuz/forum.php?mod=forumdisplay&fid=2",
        "Snapshot=t6.inf",
        "Mode=HTML",
        EXTRARES,
        "Url=static/image/common/card_btn.png", "Referer=http://127.0.0.1/discuz/forum.
        php?mod=post&action=newthread&fid=2", ENDITEM,
        "Url=static/image/common/notice.gif", "Referer=http://127.0.0.1/discuz/forum.
        php?mod=post&action=newthread&fid=2", ENDITEM,
        "Url=static/image/common/upload.swf?site=/discuz/misc.php%3fmod=swfupload%26type
        =image%26fid=2&type=image&random=O2WM", "Referer=http://127.0.0.1/discuz/forum.
        php?mod =post&action=newthread&fid=2", ENDITEM,
        "Url=static/image/common/upload.swf?site=/discuz/misc.php%3fmod=swfupload%26fid
        =2&random=pm3E", "Referer=http://127.0.0.1/discuz/forum.php?mod=post&action=
        newthread&fid=2", ENDITEM,
```

```
        LAST);

for(i=0;i<1000;i++)
{
web_submit_data("forum.php_2",
    "Action=http://127.0.0.1/discuz/forum.php?mod=post&action=newthread&fid=2&extra
    =&topicsubmit=yes",
    "Method=POST",
    "TargetFrame=",
    "RecContentType=text/html",
    "Referer=http://127.0.0.1/discuz/forum.php?mod=post&action=newthread&fid=2",
    "Snapshot=t7.inf",
    "Mode=HTML",
    ITEMDATA,
    "Name=formhash", "Value=27ad1fe9", ENDITEM,
    "Name=posttime", "Value=1462204484", ENDITEM,
    "Name=wysiwyg", "Value=1", ENDITEM,
    "Name=subject", "Value=第二天测试专用{topic}", ENDITEM,
    "Name=message", "Value=美美狗代表云层天容发帖了{topic}", ENDITEM,
    "Name=save", "Value=", ENDITEM,
    "Name=uploadalbum", "Value=", ENDITEM,
    "Name=newalbum", "Value=", ENDITEM,
    "Name=readperm", "Value=", ENDITEM,
    "Name=price", "Value=", ENDITEM,
    "Name=usesig", "Value=1", ENDITEM,
    "Name=allownoticeauthor", "Value=1", ENDITEM,
    EXTRARES,
    "Url=uc_server/images/noavatar_middle.gif", "Referer=http://127.0.0.1/discuz/
    forum.php?mod=viewthread&tid=868&extra=", ENDITEM,
    "Url=data/cache/style_1_forum_viewthread.css?z69", "Referer=http://127.0.0.1/
    discuz/forum.php?mod=viewthread&tid=868&extra=", ENDITEM,
    "Url=static/js/forum_viewthread.js?z69", "Referer=http://127.0.0.1/discuz/forum.
    php?mod=viewthread&tid=868&extra=", ENDITEM,
    LAST);
}
web_custom_request("home.php",
    "URL=http://127.0.0.1/discuz/home.php?mod=spacecp&ac=pm&op=checknewpm&rand
    =1462204515",
    "Method=GET",
    "TargetFrame=",
    "Resource=0",
    "RecContentType=text/html",
    "Referer=http://127.0.0.1/discuz/forum.php?mod=viewthread&tid=868&extra=",
    "Snapshot=t8.inf",
    "Mode=HTML",
    "EncType=application/x-www-form-urlencoded",
    EXTRARES,
    "Url=static/image/common/flbg.gif", "Referer=http://127.0.0.1/discuz/forum.php?
    mod=viewthread&tid=868&extra=", ENDITEM,
    "Url=static/image/common/rec_add.gif", "Referer=http://127.0.0.1/discuz/forum.
```

```
php? mod=viewthread&tid=868&extra=", ENDITEM,
"Url=static/image/common/oshr.png", "Referer=http://127.0.0.1/discuz/forum.php?
mod=viewthread&tid=868&extra=", ENDITEM,
"Url=static/image/common/rec_subtract.gif", "Referer=http://127.0.0.1/discuz/
forum.php?mod=viewthread&tid=868&extra=", ENDITEM,
"Url=static/image/common/fastreply.gif", "Referer=http://127.0.0.1/discuz/ forum.
php?mod=viewthread&tid=868&extra=", ENDITEM,
"Url=static/image/common/midavt_shadow.gif", "Referer=http://127.0.0.1/discuz/
forum.php?mod=viewthread&tid=868&extra=", ENDITEM,
"Url=static/image/common/repquote.gif", "Referer=http://127.0.0.1/discuz/ forum.
php?mod=viewthread&tid=868&extra=", ENDITEM,
"Url=static/image/common/edit.gif", "Referer=http://127.0.0.1/discuz/ forum.php?
mod=viewthread&tid=868&extra=", ENDITEM,
"Url=static/image/common/popupcredit_bg.gif", "Referer=http://127.0.0.1/discuz/
forum.php?mod=viewthread&tid=868&extra=", ENDITEM,
LAST);

    return 0;
}
```

恋恋：这里我用了一个循环，做了 1000 次。

云云：那么你发帖的那个参数是？

恋恋：{topic}啊，这是我定义的一个时间参数，这样每次帖子都不一样，如图 2-23 所示。

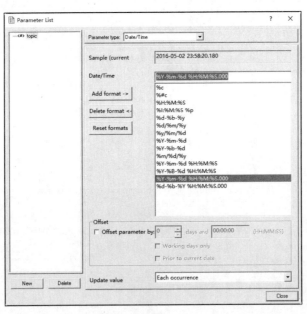

图 2-23

云云：哎哟，不错哦。

恋恋：好了，单击运行，我去给你削个梨。

云云：好！不过，如果你用场景，运行会快一些。

恋恋：好啊，你自己削梨去，EQ 真低。

云云：我错了，还是你帮我削吧。

（几分钟后，帖子生成）如图 2-24 所示。

图 2-24

恋恋：接着我要录制一个用户随机访问帖子的脚本和一个用户访问一个固定帖子的脚本。

```
Action()
{
    web_url("discuz",
        "URL=http://127.0.0.1/discuz/",
        "TargetFrame=",
        "Resource=0",
        "RecContentType=text/html",
        "Referer=",
        "Snapshot=t1.inf",
        "Mode=HTML",
        EXTRARES,
        "Url=static/image/common/background.png", "Referer=http://127.0.0.1/discuz/forum.
        php", ENDITEM,
        "Url=static/image/common/search.gif", "Referer=http://127.0.0.1/discuz/forum.php",
        ENDITEM,
        "Url=static/image/common/nv.png", "Referer=http://127.0.0.1/discuz/forum.php",
        ENDITEM,
        "Url=static/image/common/px.png", "Referer=http://127.0.0.1/discuz/forum.php",
        ENDITEM,
        "Url=static/image/common/titlebg.png", "Referer=http://127.0.0.1/discuz/forum.
        php", ENDITEM,
        "Url=static/image/common/nv_a.png", "Referer=http://127.0.0.1/discuz/forum.php",
        ENDITEM,
        "Url=static/image/common/qmenu.png", "Referer=http://127.0.0.1/discuz/forum.php",
        ENDITEM,
        "Url=static/image/common/chart.png", "Referer=http://127.0.0.1/discuz/forum.php",
```

```
        ENDITEM,
    LAST);

lr_think_time(5);

web_url("默认版块",
    "URL=http://127.0.0.1/discuz/forum.php?mod=forumdisplay&fid=2",
    "TargetFrame=",
    "Resource=0",
    "RecContentType=text/html",
    "Referer=http://127.0.0.1/discuz/forum.php",
    "Snapshot=t2.inf",
    "Mode=HTML",
    EXTRARES,
    "Url=static/image/common/pt_icn.png", "Referer=http://127.0.0.1/discuz/forum.php?
    mod=forumdisplay&fid=2", ENDITEM,
    "Url=static/image/common/pt_item.png", "Referer=http://127.0.0.1/discuz/forum.php?
    mod=forumdisplay&fid=2", ENDITEM,
    "Url=static/image/common/arrwd.gif", "Referer=http://127.0.0.1/discuz/forum.php?
    mod=forumdisplay&fid=2", ENDITEM,
    "Url=static/image/common/fav.gif", "Referer=http://127.0.0.1/discuz/forum.php?
    mod=forumdisplay&fid=2", ENDITEM,
    "Url=static/image/common/feed.gif", "Referer=http://127.0.0.1/discuz/forum.php?
    mod=forumdisplay&fid=2", ENDITEM,
    "Url=static/image/common/arw_l.gif", "Referer=http://127.0.0.1/discuz/forum.php?
    mod=forumdisplay&fid=2", ENDITEM,
    "Url=static/image/common/arw_r.gif", "Referer=http://127.0.0.1/discuz/forum.php?
    mod=forumdisplay&fid=2", ENDITEM,
    "Url=static/image/common/atarget.png", "Referer=http://127.0.0.1/discuz/forum.php?
    mod=forumdisplay&fid=2", ENDITEM,
    "Url=static/image/editor/editor.gif", "Referer=http://127.0.0.1/discuz/forum.php?
    mod=forumdisplay&fid=2", ENDITEM,
    LAST);

lr_think_time(4);

web_url("第二天测试专用 2016-05-03 00:09:10.850",
    "URL=http://127.0.0.1/discuz/forum.php?mod=viewthread&tid=1867&extra=page%3D1",
    "TargetFrame=",
    "Resource=0",
    "RecContentType=text/html",
    "Referer=http://127.0.0.1/discuz/forum.php?mod=forumdisplay&fid=2",
    "Snapshot=t3.inf",
    "Mode=HTML",
    EXTRARES,
    "Url=uc_server/images/noavatar_middle.gif", "Referer=http://127.0.0.1/discuz/
    forum.php?mod=viewthread&tid=1867&extra=page%3D1", ENDITEM,
    "Url=static/image/common/oshr.png", "Referer=http://127.0.0.1/discuz/forum.php?
    mod=viewthread&tid=1867&extra=page%3D1", ENDITEM,
    "Url=static/image/common/rec_add.gif", "Referer=http://127.0.0.1/discuz/forum.
```

```
            php? mod=viewthread&tid=1867&extra=page%3D1", ENDITEM,
            "Url=static/image/common/midavt_shadow.gif", "Referer=http://127.0.0.1/discuz/
            forum.php?mod=viewthread&tid=1867&extra=page%3D1", ENDITEM,
            "Url=static/image/common/fastreply.gif", "Referer=http://127.0.0.1/discuz/forum.
            php?mod=viewthread&tid=1867&extra=page%3D1", ENDITEM,
            "Url=static/image/common/rec_subtract.gif", "Referer=http://127.0.0.1/discuz/
            forum.php?mod=viewthread&tid=1867&extra=page%3D1", ENDITEM,
            "Url=static/image/common/flbg.gif", "Referer=http://127.0.0.1/discuz/forum.php?
            mod=viewthread&tid=1867&extra=page%3D1", ENDITEM,
            "Url=static/image/common/repquote.gif", "Referer=http://127.0.0.1/discuz/forum.
            php?mod=viewthread&tid=1867&extra=page%3D1", ENDITEM,
            LAST);

    return 0;
}
```

恋恋：找到看帖请求的那个函数，然后将这个请求内容做一个参数化，参数名称叫作 tid，并且设置从 1～1000 的随机数，如图 2-25 所示。

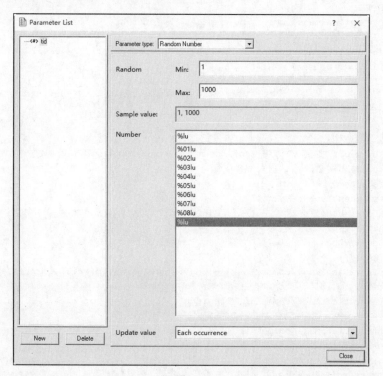

图 2-25

```
Action()
{
    web_url("discuz",
        "URL=http://127.0.0.1/discuz/",
```

```
        "TargetFrame=",
        "Resource=0",
        "RecContentType=text/html",
        "Referer=",
        "Snapshot=t1.inf",
        "Mode=HTML",
        EXTRARES,
        "Url=static/image/common/background.png", "Referer=http://127.0.0.1/discuz/forum.
        php", ENDITEM,
        "Url=static/image/common/search.gif", "Referer=http://127.0.0.1/discuz/forum.php",
        ENDITEM,
        "Url=static/image/common/nv.png", "Referer=http://127.0.0.1/discuz/forum.php",
        ENDITEM,
        "Url=static/image/common/px.png", "Referer=http://127.0.0.1/discuz/forum.php",
        ENDITEM,
        "Url=static/image/common/titlebg.png", "Referer=http://127.0.0.1/discuz/forum.
        php", ENDITEM,
        "Url=static/image/common/nv_a.png", "Referer=http://127.0.0.1/discuz/forum.php",
        ENDITEM,
        "Url=static/image/common/qmenu.png", "Referer=http://127.0.0.1/discuz/forum.php",
        ENDITEM,
        "Url=static/image/common/chart.png", "Referer=http://127.0.0.1/discuz/forum.php",
        ENDITEM,
        LAST);

lr_think_time(5);

web_url("默认版块",
        "URL=http://127.0.0.1/discuz/forum.php?mod=forumdisplay&fid=2",
        "TargetFrame=",
        "Resource=0",
        "RecContentType=text/html",
        "Referer=http://127.0.0.1/discuz/forum.php",
        "Snapshot=t2.inf",
        "Mode=HTML",
        EXTRARES,
        "Url=static/image/common/pt_icn.png", "Referer=http://127.0.0.1/discuz/forum.php?
        mod=forumdisplay&fid=2", ENDITEM,
        "Url=static/image/common/pt_item.png", "Referer=http://127.0.0.1/discuz/forum.php?
        mod=forumdisplay&fid=2", ENDITEM,
        "Url=static/image/common/arrwd.gif", "Referer=http://127.0.0.1/discuz/forum.php?
        mod=forumdisplay&fid=2", ENDITEM,
        "Url=static/image/common/fav.gif", "Referer=http://127.0.0.1/discuz/forum.php?
        mod=forumdisplay&fid=2", ENDITEM,
        "Url=static/image/common/feed.gif", "Referer=http://127.0.0.1/discuz/forum.php?
        mod=forumdisplay&fid=2", ENDITEM,
        "Url=static/image/common/arw_l.gif", "Referer=http://127.0.0.1/discuz/forum.php?
        mod=forumdisplay&fid=2", ENDITEM,
        "Url=static/image/common/arw_r.gif", "Referer=http://127.0.0.1/discuz/ forum.php?
        mod=forumdisplay&fid=2", ENDITEM,
```

```
        "Url=static/image/common/atarget.png", "Referer=http://127.0.0.1/discuz/forum.
    php? mod=forumdisplay&fid=2", ENDITEM,
        "Url=static/image/editor/editor.gif", "Referer=http://127.0.0.1/discuz/forum.php?
    mod=forumdisplay&fid=2", ENDITEM,
        LAST);

    lr_think_time(4);

    web_url("第二天测试专用 2016-05-03 00:09:10.850",
        "URL=http://127.0.0.1/discuz/forum.php?mod=viewthread&tid={tid}&extra=page%3D1",
        "TargetFrame=",
        "Resource=0",
        "RecContentType=text/html",
        "Referer=http://127.0.0.1/discuz/forum.php?mod=forumdisplay&fid=2",
        "Snapshot=t3.inf",
        "Mode=HTML",
        EXTRARES,
        "Url=uc_server/images/noavatar_middle.gif", "Referer=http://127.0.0.1/discuz/
    forum.php?mod=viewthread&tid=1867&extra=page%3D1", ENDITEM,
        "Url=static/image/common/oshr.png", "Referer=http://127.0.0.1/discuz/forum.php?
    mod=viewthread&tid=1867&extra=page%3D1", ENDITEM,
        "Url=static/image/common/rec_add.gif", "Referer=http://127.0.0.1/discuz/forum.php?
    mod=viewthread&tid=1867&extra=page%3D1", ENDITEM,
        "Url=static/image/common/midavt_shadow.gif", "Referer=http://127.0.0.1/discuz/
    forum.php?mod=viewthread&tid=1867&extra=page%3D1", ENDITEM,
        "Url=static/image/common/fastreply.gif", "Referer=http://127.0.0.1/discuz/forum.
    php?mod=viewthread&tid=1867&extra=page%3D1", ENDITEM,
        "Url=static/image/common/rec_subtract.gif", "Referer=http://127.0.0.1/discuz/
    forum.php?mod=viewthread&tid=1867&extra=page%3D1", ENDITEM,
        "Url=static/image/common/flbg.gif", "Referer=http://127.0.0.1/discuz/forum. php?
    mod=viewthread&tid=1867&extra=page%3D1", ENDITEM,
        "Url=static/image/common/repquote.gif", "Referer=http://127.0.0.1/discuz/forum.
    php?mod=viewthread&tid=1867&extra=page%3D1", ENDITEM,
        LAST);

    return 0;
}
```

恋恋：最后还要在查询前后加个事务，让脚本运行的时候能够统计响应时间，先来试着运行一下。

```
Action()
{
    web_url("discuz",
        "URL=http://127.0.0.1/discuz/",
        "TargetFrame=",
        "Resource=0",
        "RecContentType=text/html",
        "Referer=",
        "Snapshot=t1.inf",
```

```
    "Mode=HTML",
    EXTRARES,
    "Url=static/image/common/background.png", "Referer=http://127.0.0.1/discuz/forum.
    php", ENDITEM,
    "Url=static/image/common/search.gif", "Referer=http://127.0.0.1/discuz/forum.php",
    ENDITEM,
    "Url=static/image/common/nv.png", "Referer=http://127.0.0.1/discuz/forum.php",
    ENDITEM,
    "Url=static/image/common/px.png", "Referer=http://127.0.0.1/discuz/forum.php",
    ENDITEM,
    "Url=static/image/common/titlebg.png", "Referer=http://127.0.0.1/discuz/forum.
    php", ENDITEM,
    "Url=static/image/common/nv_a.png", "Referer=http://127.0.0.1/discuz/forum.php",
    ENDITEM,
    "Url=static/image/common/qmenu.png", "Referer=http://127.0.0.1/discuz/forum.php",
    ENDITEM,
    "Url=static/image/common/chart.png", "Referer=http://127.0.0.1/discuz/forum.php",
    ENDITEM,
    LAST);

lr_think_time(5);

web_url("默认版块",
    "URL=http://127.0.0.1/discuz/forum.php?mod=forumdisplay&fid=2",
    "TargetFrame=",
    "Resource=0",
    "RecContentType=text/html",
    "Referer=http://127.0.0.1/discuz/forum.php",
    "Snapshot=t2.inf",
    "Mode=HTML",
    EXTRARES,
    "Url=static/image/common/pt_icn.png", "Referer=http://127.0.0.1/discuz/forum.php?
    mod=forumdisplay&fid=2", ENDITEM,
    "Url=static/image/common/pt_item.png", "Referer=http://127.0.0.1/discuz/forum.php?
    mod=forumdisplay&fid=2", ENDITEM,
    "Url=static/image/common/arrwd.gif", "Referer=http://127.0.0.1/discuz/forum.php?
    mod=forumdisplay&fid=2", ENDITEM,
    "Url=static/image/common/fav.gif", "Referer=http://127.0.0.1/discuz/forum.php?
    mod=forumdisplay&fid=2", ENDITEM,
    "Url=static/image/common/feed.gif", "Referer=http://127.0.0.1/discuz/forum.php?
    mod=forumdisplay&fid=2", ENDITEM,
    "Url=static/image/common/arw_l.gif", "Referer=http://127.0.0.1/discuz/forum.php?
    mod=forumdisplay&fid=2", ENDITEM,
    "Url=static/image/common/arw_r.gif", "Referer=http://127.0.0.1/discuz/forum.php?
    mod=forumdisplay&fid=2", ENDITEM,
    "Url=static/image/common/atarget.png", "Referer=http://127.0.0.1/discuz/forum.php?
    mod=forumdisplay&fid=2", ENDITEM,
    "Url=static/image/editor/editor.gif", "Referer=http://127.0.0.1/discuz/forum.php?
    mod=forumdisplay&fid=2", ENDITEM,
    LAST);
```

```
    lr_think_time(4);

    lr_start_transaction("viewtopic");

    web_url("第二天测试专用2016-05-03 00:09:10.850",
        "URL=http://127.0.0.1/discuz/forum.php?mod=viewthread&tid={tid}&extra=page%3D1",
        "TargetFrame=",
        "Resource=0",
        "RecContentType=text/html",
        "Referer=http://127.0.0.1/discuz/forum.php?mod=forumdisplay&fid=2",
        "Snapshot=t3.inf",
        "Mode=HTML",
        EXTRARES,
        "Url=uc_server/images/noavatar_middle.gif", "Referer=http://127.0.0.1/discuz/
forum.php?mod=viewthread&tid=1867&extra=page%3D1", ENDITEM,
        "Url=static/image/common/oshr.png", "Referer=http://127.0.0.1/discuz/forum.php?
mod=viewthread&tid=1867&extra=page%3D1", ENDITEM,
        "Url=static/image/common/rec_add.gif", "Referer=http://127.0.0.1/discuz/forum.php?
mod=viewthread&tid=1867&extra=page%3D1", ENDITEM,
        "Url=static/image/common/midavt_shadow.gif", "Referer=http://127.0.0.1/discuz/
forum.php?mod=viewthread&tid=1867&extra=page%3D1", ENDITEM,
        "Url=static/image/common/fastreply.gif", "Referer=http://127.0.0.1/discuz/ forum.
php?mod=viewthread&tid=1867&extra=page%3D1", ENDITEM,
        "Url=static/image/common/rec_subtract.gif", "Referer=http://127.0.0.1/discuz/
forum.php?mod=viewthread&tid=1867&extra=page%3D1", ENDITEM,
        "Url=static/image/common/flbg.gif", "Referer=http://127.0.0.1/discuz/forum.php?
mod=viewthread&tid=1867&extra=page%3D1", ENDITEM,
        "Url=static/image/common/repquote.gif", "Referer=http://127.0.0.1/discuz/forum.
php?mod=viewthread&tid=1867&extra=page%3D1", ENDITEM,
        LAST);
lr_end_transaction("viewtopic", LR_AUTO);

    return 0;
}
```

恋恋：代码运行大功告成！

云云：值得表扬！

（分别运行未参数化和参数化过的脚本）。

恋恋：好像查询条件是随机的会慢一点。

云云：Go On。

恋恋：OK，搞定两个脚本，一个是原脚本，查询条件不变的；还有一个是查询条件是随机的内容，接着分别到场景里面去运行一下。

恋恋：场景里面要添加监控内容（Windows 资源），单击开始运行。

2.7　结果分析及报告

2.7.1　Discuz 业务比较性能测试报告

目的：

本次性能测试主要是测试用户在访问不同帖子与访问相同帖子的响应时间、吞吐量性能指标的区别。通过配置和基准测试提供系统在两种情况下的不同。

测试环境：

笔记本电脑

测试脚本：

主要业务为用户刷新首页->访问版块->随机访问一个帖子并且记录读取时间

对比业务为用户刷新首页->访问版块->访问编号为 1000 的帖子并且记录读取时间

场景设计：

总用户 50 个，从 2 个用户开始，每隔 15 秒增加 2 个用户，到达 50 个用户后持续 5 分钟立即结束，如图 2-26 所示。

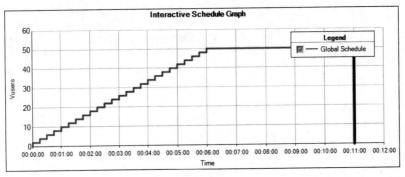

图 2-26

测试结果：

1．事务总览

（1）随机访问帖子，如图 2-27 所示。

（2）固定访问帖子，如图 2-28 所示。

可以看到随机访问帖子所产生的事务为 577，比固定访问帖子 571 多了 6 个事务。

Analysis Summary   Period: 2016/5/3 10:25 - 2016/5/3 10:36

Scenario Name: Scenario1
Results in Session: C:\Users\loadrunner12\Documents\VuGen\Scripts\WebHttpHtml6\res\res.lrr
Duration: 11 minutes and 48 seconds.

Statistics Summary

Maximum Running Vusers:		50
Total Throughput (bytes):	⊘	211,396,279
Average Throughput (bytes/second):	⊘	298,161
Total Hits:	⊘	29,606
Average Hits per Second:	⊘	41.758 View HTTP Responses Summary

You can define SLA data using the SLA configuration wizard

You can analyze transaction behavior using the Analyze Transaction mechanism

Transaction Summary

Transactions: Total Passed: 1,254 Total Failed: 0 Total Stopped: 0   Average Response Time

Transaction Name	SLA Status	Minimum	Average	Maximum	Std. Deviation	90 Percent	Pass	Fail	Stop
Action_Transaction	⊘	9.487	48.877	82.6	21.645	69.885	577	0	0
viewtopic	⊘	0.137	8.123	25.999	4.396	13.273	577	0	0
vuser_end_Transaction	⊘	0	0	0.001	0	0	50	0	0
vuser_init_Transaction	⊘	0	0.001	0.005	0.001	0.001	50	0	0

图 2-27

Analysis Summary   Period: 2016/5/3 10:39 - 2016/5/3 10:50

Scenario Name: Scenario1
Results in Session: c:\Users\loadrunner12\Documents\VuGen\Scripts\WebHttpHtml6\res1\res1.lrr
Duration: 11 minutes and 48 seconds.

Statistics Summary

Maximum Running Vusers:		50
Total Throughput (bytes):	⊘	209,168,726
Average Throughput (bytes/second):	⊘	295,019
Total Hits:	⊘	29,335
Average Hits per Second:	⊘	41.376 View HTTP Responses Summary

You can define SLA data using the SLA configuration wizard

You can analyze transaction behavior using the Analyze Transaction mechanism

Transaction Summary

Transactions: Total Passed: 1,242 Total Failed: 0 Total Stopped: 0   Average Response Time

Transaction Name	SLA Status	Minimum	Average	Maximum	Std. Deviation	90 Percent	Pass	Fail	Stop
Action_Transaction	⊘	9.849	49.351	83.077	21.833	69.911	571	0	0
viewtopic	⊘	0.114	8.298	24.181	4.081	12.757	571	0	0
vuser_end_Transaction	⊘	0	0	0.003	0	0	50	0	0
vuser_init_Transaction	⊘	0	0.001	0.005	0.001	0.001	50	0	0

图 2-28

2. 平均响应时间

（1）随机访问帖子，如图 2-29 所示。

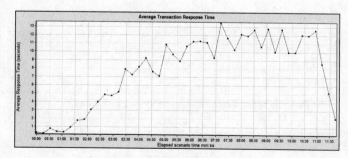

图 2-29

（2）固定访问帖子，如图 2-30 所示。

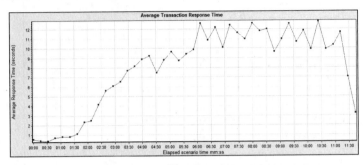

图 2-30

可以看到固定访问帖子的响应时间比随机访问帖子的时间要短。

3．点击量

（1）随机访问帖子，如图 2-31 所示。

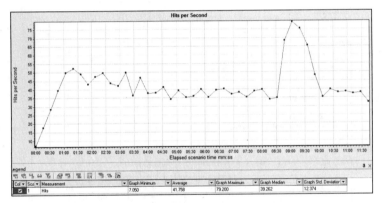

图 2-31

（2）固定访问帖子，如图 2-32 所示。

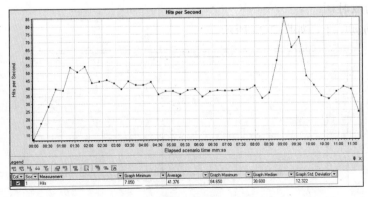

图 2-32

这里可以看到无论是随机还是固定访问帖子，点击量的数据都非常类似，为何在 9 分 30 秒的时候出现一次大的波动原因未知。

4. TPS 吞吐量

（1）随机访问帖子，如图 2-33 所示。

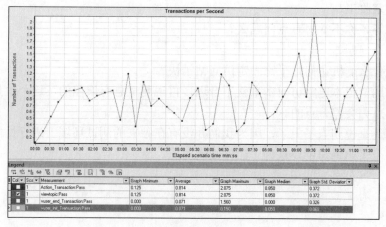

图 2-33

（2）固定访问帖子，如图 2-34 所示。

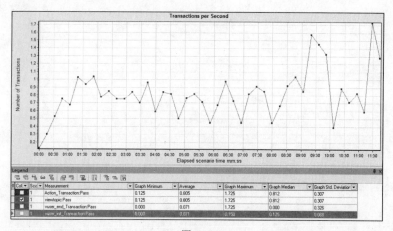

图 2-34

在 TPS 中可以看到随机访问帖子的曲线和固定访问帖子的曲线非常接近，但是不如固定访问帖子稳定。

综上所述可以看到，在当前的负载下随机访问帖子和固定访问帖子区别不是很大，总的来说随机访问帖子好像快一点，但是固定访问帖子明显比较稳定。

小结

了解对比型配置基准测试的做法。

恋恋：搞定收工！

云云：等等，你不觉得有点问题么？

恋恋：什么问题？

云云：为什么随机访问帖子比固定访问帖子快？

恋恋：你用笔记本电脑访问本来就不合理，再说测试总有误差的，这个数量级和环境都不是可控的，总归会差一点的。

云云：你还真说到点子上了，因为我们并没有在独立的测试环境上进行性能测试，确实误差比较大。今天的练习主要是为了让你知道对比。

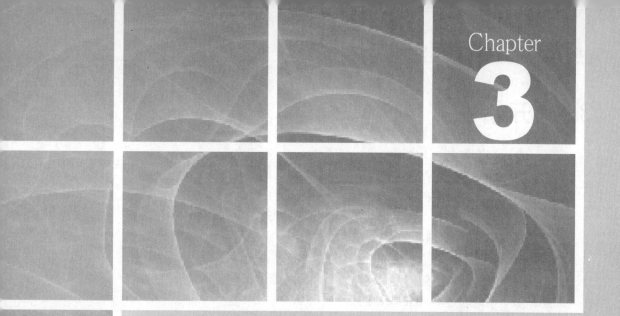

第三天

3.1　开始

云云：今天来给你讲一下关联。

恋恋：哦？什么是关联？

云云：简单来说就是根据别人的返回来调整自己的请求，就是关联。

恋恋：我告诉你我要买个包，你回答是，我就去买？

云云：对的，这就是关联。

恋恋：明白了，不过这个和性能测试有什么关系？

云云：当然有关系，比如你登录网页以后，服务器怎么知道你是登录用户？

恋恋：那个不是通过 Cookie 来做的么？

云云：对，登录状态确实是通过 Cookie 来做的，但还需要一个动态的 ID 来区分操作是否合法。比如登录服务器后，服务器告诉你今天的密码是"天王盖地虎"。

恋恋：我就回答"小鸡炖蘑菇"？

云云：不是，操作时每次都带上"天王盖地虎"的这个口令，或邀请函就可以。

恋恋：你直接用购买飞机票举例我不就懂了，买了机票后要去机场打登机牌对吧。

云云：对。

恋恋：你每次上飞机都要重新打个登机牌，根据登机牌来登记，所以你需要一个 PK（主键）来请求一个关键字，通过这个关键字来完成后续的任务，这就是关联。

云云：那么在知道了关联的原理以后，我们只需要知道：

（1）通过哪个请求来发送 PK。

（2）返回的的关键字是在哪里就行了。

那么我们先写一个 HTML 放在我们的网站根目录上，内容如下：

```html
<html>
<header>
</header>
<body>
  <h1>i love aya</h1>
  <a href='http://www.cloudits.info'>云层天咨</a>
</body>
</html>
```

这个代码放在 www 目录下，命名为 test.html，然后我们在浏览器里面访问一下。

恋恋：我做好了，页面刷新也能看到了，接着呢？

云云：接着在 VuGen 里面写个请求，刷新这个页面。

恋恋：录制？算了手写一个吧，你教过你如何写代码的操作。

web_url("test","URL=http://localhost/test.html",LAST);

云云：接着我要教你一个新的函数了，关联函数 web_reg_save_param_ex，外面一般都用 web_reg_save_param，我教你高级点的。

恋恋：有什么区别？

云云：也就是加强了一点。

恋恋：嗯！

云云：接着我们在刚才的请求前添加一个操作，选择菜单"Design"下的"Insert in Script"找到"New Step"，如图 3-1 所示。

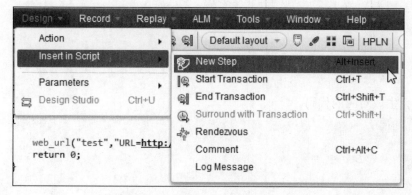

图 3-1

在"Steps Toolbox"里面输入 web_reg_save_param_ex，找到对应函数，如图 3-2 所示。

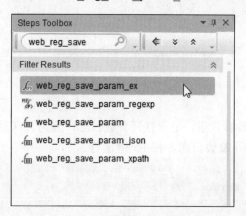

图 3-2

双击后出现该函数的图形化配置选项，这里我们填写"Parameter Name"参数名和"Ordinal"关联次数为 1，单击"OK"，如图 3-3 所示。

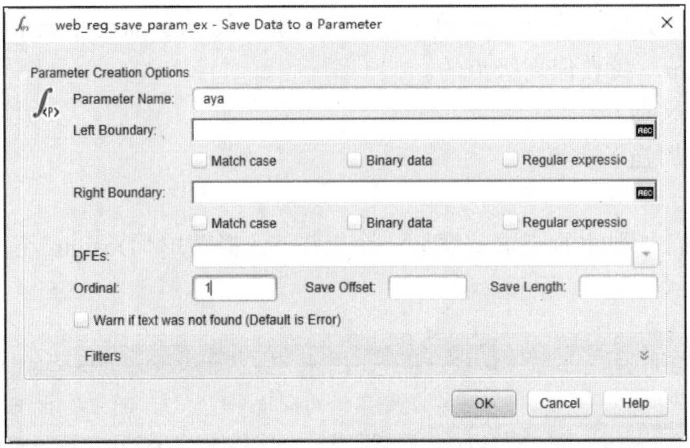

图 3-3

接着就会生成对应的代码。

```
Action()
{
    web_reg_save_param_ex(
        "ParamName=aya",
        "LB=",
        "RB=",
        "Ordinal=1",
        SEARCH_FILTERS,
        LAST);


    web_url("test","URL=http://localhost/test.html",LAST);
    return 0;
}
```

恋恋：然后呢？

云云：运行一下程序看看效果，记得打开参数日志，因为关联返回的 aya，这是一个参数。

恋恋：我记得怎么打开参数日志，按 F5 键运行。

```
Virtual User Script started at : 2016/5/7 9:44:12
Starting action vuser_init.
Web Turbo Replay of LoadRunner 12.50.0 for Windows 8; build 1096 (5 月 07 2016 16:55:24)
[MsgId: MMSG-27143]
Run mode: HTML     [MsgId: MMSG-26993]
Replay user agent: Mozilla/5.0 (compatible; MSIE 10.0; Windows NT 6.1; Trident/6.0)
[MsgId: MMSG-26988]
Run-Time Settings file: "C:\Users\loadrunner12\Documents\VuGen\Scripts\WebHttpHtml7\\
default.cfg"     [MsgId: MMSG-27141]
Ending action vuser_init.
Running Vuser...
Starting iteration 1.
```

```
Maximum number of concurrent connections per server: 6      [MsgId: MMSG-26989]
Starting action Action.
Action.c(3): web_reg_save_param_ex started      [MsgId: MMSG-26355]
Action.c(3): Registering web_reg_save_param_ex was successful      [MsgId: MMSG-26390]
Action.c(12): web_url("test") started      [MsgId: MMSG-26355]
Action.c(12): Notify: Saving Parameter "aya = HTTP/1.1 200 OK\r\nDate: Sat, 07 May 2016
01:44:12 GMT\r\nServer: Apache/2.2.21 (Win32) PHP/5.3.10\r\nLast-Modified: Sat, 07 May 2016
01:27:37 GMT\r\nETag: "8000000006dde-64-532367b07cabb"\r\nAccept-Ranges: bytes\r\nContent-
Length: 100\r\nKeep-Alive: timeout=5, max=100\r\nConnection: Keep-Alive\r\nContent-Type:
text/html\r\n\r\n\r\n<body>\r\n  <h1>i love aya</h1>\r\n  <a href='http://www.cloudits.info'>云层
天客</a>\r\n</body>\r\n</html>\r\n".
Action.c(12): web_url("test") was successful, 100 body bytes, 308 header bytes [MsgId:
MMSG-26386]
Ending action Action.
Ending iteration 1.
Ending Vuser...
Starting action vuser_end.
Ending action vuser_end.
Vuser Terminated.
```

我看到 aya 这个参数里面的内容了，是网页吗？

云云：对，其实我们把整个返回请求都"抓回"来了，其中还有 HTTP 头！

恋恋：HTTP 头是什么东西？

云云：这个是在 RFC2616 里面的一块东西，以后再讲，这知识对你现在来说太难了。

恋恋：好吧，接着呢？

云云：我们把代码再改一下，单击左下角的"Step Navigator"，在左边的关联函数上点右键，单击出现的"Show Arguments"，如图 3-4 所示。

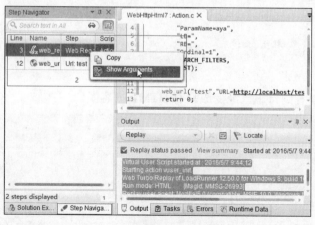

图 3-4

这样你就能看到添加时的那个图形界面了。接着，我们修改一下。打开"Filters"，在下面的"Scope"里面修改内容为"BODY"，也就是将返回的"BODY"部分保存如图 3-5 所示。

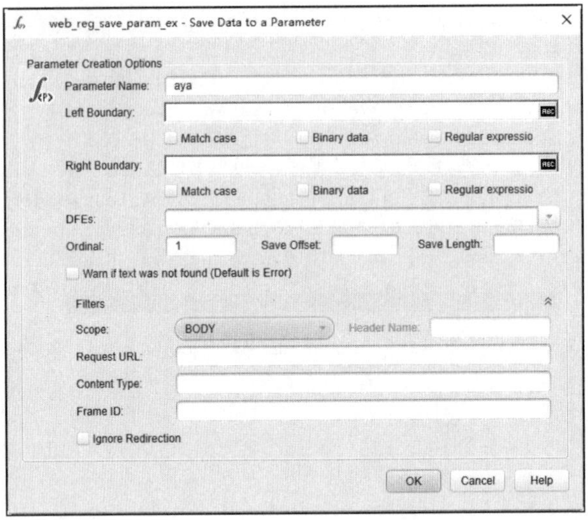

图 3-5

确定后重新检查代码，发现代码已经变成。

```
Action()
{
    web_reg_save_param_ex(
        "ParamName=aya",
        "LB=",
        "RB=",
        "Ordinal=1",
        SEARCH_FILTERS,
        "Scope=BODY",
        LAST);

    web_url("test","URL=http://localhost/test.html",LAST);
    return 0;
}
```

再次运行，可以看到日志已经变成只有 HTML 内容了。

```
Virtual User Script started at : 2016/5/7 9:56:07
Starting action vuser_init.
Web Turbo Replay of LoadRunner 12.50.0 for Windows 8; build 1096 (5 月 07 2016 16:55:24) [MsgId:
MMSG-27143]
Run mode: HTML      [MsgId: MMSG-26993]
Replay user agent: Mozilla/5.0 (compatible; MSIE 10.0; Windows NT 6.1; Trident/6.0) [MsgId:
MMSG-26988]
Run-Time Settings file: "C:\Users\loadrunner12\Documents\VuGen\Scripts\WebHttpHtml7\\
default.cfg"     [MsgId: MMSG-27141]
Ending action vuser_init.
Running Vuser...
Starting iteration 1.
```

```
Maximum number of concurrent connections per server: 6      [MsgId: MMSG-26989]
Starting action Action.
Action.c(3): web_reg_save_param_ex started      [MsgId: MMSG-26355]
Action.c(3): Registering web_reg_save_param_ex was successful      [MsgId: MMSG-26390]
Action.c(13): web_url("test") started      [MsgId: MMSG-26355]
Action.c(13): Notify: Saving Parameter "aya = <body>\r\n  <h1>i love aya</h1>\r\n  <a
href='http://www.cloudits.info'>云层天咨</a>\r\n</body>\r\n</html>\r\n".
Action.c(13): web_url("test") was successful, 100 body bytes, 308 header bytes [MsgId:
MMSG-26386]
Ending action Action.
Ending iteration 1.
Ending Vuser...
Starting action vuser_end.
Ending action vuser_end.
Vuser Terminated.
```

恋恋：哈，好简单，这样就把整个 HTML 页面的内容返回了吗？

云云：对，然而更简单的是，只要你写左右边界，那么你要的内容就会出来了，比如我要显示 i love aya，只需要左边界写<h1>右边界写</h1>就行了，具体代码如下。

```
Action()
{
    web_reg_save_param_ex(
        "ParamName=aya",
        "LB=<h1>",
        "RB=</h1>",
        "Ordinal=1",
        SEARCH_FILTERS,
        "Scope=BODY",
        LAST);

    web_url("test","URL=http://localhost/test.html",LAST);
    return 0;
}
```

然后日志里面就出现我想要的内容。

```
Virtual User Script started at : 2016/5/7 10:02:02
Starting action vuser_init.
Web Turbo Replay of LoadRunner 12.50.0 for Windows 8; build 1096 (5月 07 2016 16:55:24) [MsgId:
MMSG-27143]
Run mode: HTML  [MsgId: MMSG-26993]
Replay user agent: Mozilla/5.0 (compatible; MSIE 10.0; Windows NT 6.1; Trident/6.0)  [MsgId:
MMSG-26988]
Run-Time Settings file: "C:\Users\loadrunner12\Documents\VuGen\Scripts\WebHttpHtml7\\
default.cfg"  [MsgId: MMSG-27141]
Ending action vuser_init.
Running Vuser...
Starting iteration 1.
Maximum number of concurrent connections per server: 6      [MsgId: MMSG-26989]
```

```
Starting action Action.
Action.c(3): web_reg_save_param_ex started       [MsgId: MMSG-26355]
Action.c(3): Registering web_reg_save_param_ex was successful       [MsgId: MMSG-26390]
Action.c(13): web_url("test") started       [MsgId: MMSG-26355]
Action.c(13): Notify: Saving Parameter "aya = i love aya".
Action.c(13): web_url("test") was successful, 100 body bytes, 308 header bytes       [MsgId:
MMSG-26386]
Ending action Action.
Ending iteration 1.
Ending Vuser...
Starting action vuser_end.
Ending action vuser_end.
Vuser Terminated.
```

恋恋：真简单啊。

云云：其实关联本身很简单，难的在于业务，就是你要知道什么时候返回了你要的内容，并且这个内容的左右边界是什么。

恋恋：业务我懂啊。

云云：未必，业务有时候真的很难懂。

小结：

理解关联的原理和关联与业务的关系，能够使用关联函数获得需要的内容。

3.2 业务

云云：还记得我们上次去香港迪士尼吧，其实那就是业务。

恋恋：那也算业务？

云云：还记得我们去迪士尼的票在哪里订的么？

恋恋：在网上啊，因为网上便宜。

云云：那么我们怎么过去的呢？

恋恋：貌似是地铁换乘，具体记得不是很清楚了，反正要坐到靠近香港机场那边再换迪士尼线。

云云：我们到了迪士尼要准备什么？

恋恋：当时我们因为担心人多，直接第一批进园，然后坐小火车去先玩了过山车和巴斯光年。

云云：在这之前我们是不是买了几个面包。

恋恋：是啊，那里面的东西那么贵。

云云：我就喜欢你会过日子。

恋恋：说了这么多和业务有什么关系。

云云：业务是一种很玄的东西，刚才我们就在说业务！

恋恋：不懂。

云云：所谓业务是做某件事情在设计级别所经历或规范的一些步骤。我们去香港要办港澳通行证就是业务，我们网上买票或者 Key 也是业务，我们做地铁换乘也是业务，我们买面包去迪士尼是业务，我们先去玩星际过山车还是业务。

恋恋：对啊，我知道啊，这个和我做性能测试脚本有什么关系？

云云：这个关系大了啊，比如你模拟 1000 个人去迪士尼玩，结果 1000 个人到了门口发现没有票！

恋恋：那么就都堵在门口了。

云云：如果 1000 个人都没带水，是不是就必须在里面买吃的？

恋恋：对啊。

云云：如果 1000 个人都没带够钱呢？

恋恋：要么从里面出来去外边买，要么饿着？

云云：你有没有发现如果不做这种业务处理，最终的负载并不能有效完成。

恋恋：对哦，这样说我大概明白了，不过和软件还是对不上。

云云：你学过开发语言吗？

恋恋：大学时候学过 Java！

云云：那你知道 Token 或 SessionID 吗？

恋恋：不懂。

云云：无语……

云云：那这样吧，我告诉你现在我们使用的论坛就有一个业务在里面，你试试录制一个用户登录发帖的脚本，然后再改一下用户名回放。

恋恋：这个不是做过么？

云云：改一下用户名再重新回放！

恋恋：你这么凶干什么……

恋恋：我写脚本喽。

```
Action()
{

    web_url("discuz",
        "URL=http://127.0.0.1/discuz/",
        "TargetFrame=",
        "Resource=0",
        "RecContentType=text/html",
        "Referer=",
        "Snapshot=t4.inf",
        "Mode=HTML",
        EXTRARES,
        "Url=static/image/common/background.png", "Referer=http://127.0.0.1/discuz/forum.
```

```
        php", ENDITEM,
        "Url=static/image/common/search.gif", "Referer=http://127.0.0.1/discuz/forum.php",
        ENDITEM,
        "Url=static/image/common/px.png", "Referer=http://127.0.0.1/discuz/forum.php",
        ENDITEM,
        "Url=static/image/common/nv.png", "Referer=http://127.0.0.1/discuz/forum.php",
        ENDITEM,
        "Url=static/image/common/titlebg.png", "Referer=http://127.0.0.1/discuz/forum.
        php", ENDITEM,
        "Url=static/image/common/qmenu.png", "Referer=http://127.0.0.1/discuz/forum.php",
        ENDITEM,
        "Url=static/image/common/nv_a.png", "Referer=http://127.0.0.1/discuz/forum.php",
        ENDITEM,
        "Url=static/image/common/chart.png", "Referer=http://127.0.0.1/discuz/forum.php",
        ENDITEM,
        "Url=static/image/common/cls.gif", "Referer=http://127.0.0.1/discuz/forum.php",
        ENDITEM,
        LAST);

web_submit_data("member.php",
        "Action=http://127.0.0.1/discuz/member.php?mod=logging&action=login&loginsubmit
        =yes&infloat=yes&inajax=1",
        "Method=POST",
        "TargetFrame=",
        "RecContentType=text/html",
        "Referer=http://127.0.0.1/discuz/forum.php",
        "Snapshot=t5.inf",
        "Mode=HTML",
        ITEMDATA,
        "Name=fastloginfield", "Value=username", ENDITEM,
        "Name=username", "Value=admin", ENDITEM,
        "Name=password", "Value=123456", ENDITEM,
        "Name=quickforward", "Value=yes", ENDITEM,
        "Name=handlekey", "Value=ls", ENDITEM,
        "Name=questionid", "Value=0", ENDITEM,
        "Name=answer", "Value=", ENDITEM,
        LAST);

web_add_cookie("38We_2132_checkpm=1; DOMAIN=127.0.0.1");

web_url("forum.php",
        "URL=http://127.0.0.1/discuz/forum.php",
        "TargetFrame=",
        "Resource=0",
        "RecContentType=text/html",
        "Referer=http://127.0.0.1/discuz/forum.php",
        "Snapshot=t6.inf",
        "Mode=HTML",
        EXTRARES,
        "Url=static/image/common/user_online.gif", ENDITEM,
```

```
      "Url=static/image/common/arrwd.gif", ENDITEM,
      "Url=static/image/common/popupcredit_bg.gif", ENDITEM,
      LAST);

web_url("默认版块",
      "URL=http://127.0.0.1/discuz/forum.php?mod=forumdisplay&fid=2",
      "TargetFrame=",
      "Resource=0",
      "RecContentType=text/html",
      "Referer=http://127.0.0.1/discuz/forum.php",
      "Snapshot=t7.inf",
      "Mode=HTML",
      EXTRARES,
      "Url=data/cache/style_1_forum_moderator.css?z69", "Referer=http://127.0.0.1/
      discuz/forum.php?mod=forumdisplay&fid=2", ENDITEM,
      "Url=static/image/smiley/default/smile.gif", "Referer=http://127.0.0.1/discuz/
      forum.php?mod=forumdisplay&fid=2", ENDITEM,
      "Url=static/image/smiley/default/sad.gif", "Referer=http://127.0.0.1/discuz/
      forum.php?mod=forumdisplay&fid=2", ENDITEM,
      "Url=static/image/smiley/default/huffy.gif", "Referer=http://127.0.0.1/discuz/
      forum.php?mod=forumdisplay&fid=2", ENDITEM,
      "Url=static/image/smiley/default/cry.gif", "Referer=http://127.0.0.1/discuz/
      forum.php?mod=forumdisplay&fid=2", ENDITEM,
      "Url=static/image/smiley/default/biggrin.gif", "Referer=http://127.0.0.1/discuz/
      forum.php?mod=forumdisplay&fid=2", ENDITEM,
      "Url=static/image/smiley/default/shocked.gif", "Referer=http://127.0.0.1/discuz/
      forum.php?mod=forumdisplay&fid=2", ENDITEM,
      "Url=static/image/smiley/default/tongue.gif", "Referer=http://127.0.0.1/discuz/
      forum.php?mod=forumdisplay&fid=2", ENDITEM,
      "Url=static/image/common/pt_icn.png", "Referer=http://127.0.0.1/discuz/ forum.php?
      mod=forumdisplay&fid=2", ENDITEM,
      "Url=static/image/smiley/default/shy.gif", "Referer=http://127.0.0.1/discuz/ forum.
      php?mod=forumdisplay&fid=2", ENDITEM,
      "Url=static/image/common/feed.gif", "Referer=http://127.0.0.1/discuz/forum.php?
      mod=forumdisplay&fid=2", ENDITEM,
      "Url=static/image/common/pt_item.png", "Referer=http://127.0.0.1/discuz/forum.php?
      mod=forumdisplay&fid=2", ENDITEM,
      "Url=static/image/common/fav.gif", "Referer=http://127.0.0.1/discuz/forum.php?mod
      =forumdisplay&fid=2", ENDITEM,
      "Url=static/image/common/arw_r.gif", "Referer=http://127.0.0.1/discuz/forum.php?
      mod=forumdisplay&fid=2", ENDITEM,
      "Url=static/image/common/arw_l.gif", "Referer=http://127.0.0.1/discuz/forum.php?
      mod=forumdisplay&fid=2", ENDITEM,
      "Url=static/image/common/recyclebin.gif", "Referer=http://127.0.0.1/discuz/forum.
      php?mod=forumdisplay&fid=2", ENDITEM,
      "Url=static/image/smiley/default/titter.gif", "Referer=http://127.0.0.1/discuz/
      forum.php?mod=forumdisplay&fid=2", ENDITEM,
      "Url=static/image/common/atarget.png", "Referer=http://127.0.0.1/discuz/forum.
      php?mod=forumdisplay&fid=2", ENDITEM,
      "Url=static/image/smiley/default/sweat.gif", "Referer=http://127.0.0.1/discuz/
```

```
        forum.php?mod=forumdisplay&fid=2", ENDITEM,
        "Url=static/image/common/mdly.png", "Referer=http://127.0.0.1/discuz/forum.php?
    mod=forumdisplay&fid=2", ENDITEM,
        "Url=static/image/editor/editor.gif", "Referer=http://127.0.0.1/discuz/forum.php?
    mod=forumdisplay&fid=2", ENDITEM,
        "Url=static/image/smiley/default/mad.gif", "Referer=http://127.0.0.1/discuz/forum.
    php?mod=forumdisplay&fid=2", ENDITEM,
        "Url=static/image/smiley/default/lol.gif", "Referer=http://127.0.0.1/discuz/forum.
    php?mod=forumdisplay&fid=2", ENDITEM,
        "Url=static/image/smiley/default/loveliness.gif", "Referer=http://127.0.0.1/
    discuz/forum.php?mod=forumdisplay&fid=2", ENDITEM,
        "Url=static/image/smiley/default/curse.gif", "Referer=http://127.0.0.1/discuz/
    forum.php?mod=forumdisplay&fid=2", ENDITEM,
        "Url=static/image/smiley/default/funk.gif", "Referer=http://127.0.0.1/discuz/
    forum.php?mod=forumdisplay&fid=2", ENDITEM,
        "Url=static/image/smiley/default/sleepy.gif", "Referer=http://127.0.0.1/discuz/
    forum.php?mod=forumdisplay&fid=2", ENDITEM,
        "Url=static/image/smiley/default/hug.gif", "Referer=http://127.0.0.1/discuz/ forum.
    php?mod=forumdisplay&fid=2", ENDITEM,
        "Url=static/image/smiley/default/dizzy.gif", "Referer=http://127.0.0.1/discuz/
    forum.php?mod=forumdisplay&fid=2", ENDITEM,
        "Url=static/image/smiley/default/time.gif", "Referer=http://127.0.0.1/discuz/
    forum.php?mod=forumdisplay&fid=2", ENDITEM,
        "Url=static/image/smiley/default/victory.gif", "Referer=http://127.0.0.1/discuz/
    forum.php?mod=forumdisplay&fid=2", ENDITEM,
        "Url=static/image/smiley/default/shutup.gif", "Referer=http://127.0.0.1/discuz/
    forum.php?mod=forumdisplay&fid=2", ENDITEM,
        "Url=static/image/smiley/default/kiss.gif", "Referer=http://127.0.0.1/discuz/
    forum.php?mod=forumdisplay&fid=2", ENDITEM,
        "Url=static/image/smiley/default/call.gif", "Referer=http://127.0.0.1/discuz/
    forum.php?mod=forumdisplay&fid=2", ENDITEM,
        "Url=static/image/smiley/default/handshake.gif", "Referer=http://127.0.0.1/
    discuz/forum.php?mod=forumdisplay&fid=2", ENDITEM,
        "Url=static/image/common/pollsmall.gif", "Referer=http://127.0.0.1/discuz/forum.
    php?mod=forumdisplay&fid=2", ENDITEM,
        LAST);

web_url("高级模式",
        "URL=http://127.0.0.1/discuz/forum.php?mod=post&action=newthread&fid=2",
        "TargetFrame=",
        "Resource=0",
        "RecContentType=text/html",
        "Referer=http://127.0.0.1/discuz/forum.php?mod=forumdisplay&fid=2",
        "Snapshot=t8.inf",
        "Mode=HTML",
        EXTRARES,
        "Url=static/image/common/card_btn.png", "Referer=http://127.0.0.1/discuz/forum.
    php?mod=post&action=newthread&fid=2", ENDITEM,
        "Url=static/image/common/upload.swf?site=/discuz/misc.php%3fmod=swfupload%26type
    =image%26fid=2&type=image&random=dUzZ", "Referer=http://127.0.0.1/discuz/forum.
```

```
        php?mod =post&action=newthread&fid=2", ENDITEM,
        "Url=static/image/common/notice.gif", "Referer=http://127.0.0.1/discuz/forum.
        php?mod=post&action=newthread&fid=2", ENDITEM,
        "Url=static/image/common/upload.swf?site=/discuz/misc.php%3fmod=swfupload%26fid
        =2&random=7Z66", "Referer=http://127.0.0.1/discuz/forum.php?mod=post&action=
        newthread&fid=2", ENDITEM,
        LAST);

    web_submit_data("forum.php_2",
        "Action=http://127.0.0.1/discuz/forum.php?mod=post&action=newthread&fid=2&extra
        =&topicsubmit=yes",
        "Method=POST",
        "TargetFrame=",
        "RecContentType=text/html",
        "Referer=http://127.0.0.1/discuz/forum.php?mod=post&action=newthread&fid=2",
        "Snapshot=t9.inf",
        "Mode=HTML",
        ITEMDATA,
        "Name=formhash", "Value=27ad1fe9", ENDITEM,
        "Name=posttime", "Value=1462587628", ENDITEM,
        "Name=wysiwyg", "Value=1", ENDITEM,
        "Name=subject", "Value=我家有只奥 sheep", ENDITEM,
        "Name=message", "Value=我家有只奥 sheep,但是我爱", ENDITEM,
        "Name=save", "Value=", ENDITEM,
        "Name=uploadalbum", "Value=", ENDITEM,
        "Name=newalbum", "Value=", ENDITEM,
        "Name=readperm", "Value=", ENDITEM,
        "Name=price", "Value=", ENDITEM,
        "Name=usesig", "Value=1", ENDITEM,
        "Name=allownoticeauthor", "Value=1", ENDITEM,
        EXTRARES,
        "Url=data/cache/style_1_forum_viewthread.css?z69", "Referer=http://127.0.0.1/
        discuz/forum.php?mod=viewthread&tid=1869&extra=", ENDITEM,
        "Url=static/js/forum_viewthread.js?z69", "Referer=http://127.0.0.1/discuz/forum.
        php?mod=viewthread&tid=1869&extra=", ENDITEM,
        "Url=uc_server/images/noavatar_middle.gif", "Referer=http://127.0.0.1/discuz/
        forum.php?mod=viewthread&tid=1869&extra=", ENDITEM,
        LAST);

    web_custom_request("home.php",
        "URL=http://127.0.0.1/discuz/home.php?mod=spacecp&ac=pm&op=checknewpm&rand
        =1462587721",
        "Method=GET",
        "TargetFrame=",
        "Resource=0",
        "RecContentType=text/html",
        "Referer=http://127.0.0.1/discuz/forum.php?mod=viewthread&tid=1869&extra=",
        "Snapshot=t10.inf",
        "Mode=HTML",
        "EncType=application/x-www-form-urlencoded",
```

```
        EXTRARES,
        "Url=static/image/common/midavt_shadow.gif", "Referer=http://127.0.0.1/discuz/
        forum.php?mod=viewthread&tid=1869&extra=", ENDITEM,
        "Url=static/image/common/rec_subtract.gif", "Referer=http://127.0.0.1/discuz/
        forum.php?mod=viewthread&tid=1869&extra=", ENDITEM,
        "Url=static/image/common/flbg.gif", "Referer=http://127.0.0.1/discuz/forum.php?
        mod=viewthread&tid=1869&extra=", ENDITEM,
        "Url=static/image/common/oshr.png", "Referer=http://127.0.0.1/discuz/forum.php?
        mod=viewthread&tid=1869&extra=", ENDITEM,
        "Url=static/image/common/rec_add.gif", "Referer=http://127.0.0.1/discuz/forum.php?
        mod=viewthread&tid=1869&extra=", ENDITEM,
        "Url=static/image/common/fastreply.gif", "Referer=http://127.0.0.1/discuz/forum.
        php?mod=viewthread&tid=1869&extra=", ENDITEM,
        "Url=static/image/common/repquote.gif", "Referer=http://127.0.0.1/discuz/forum.
        php?mod=viewthread&tid=1869&extra=", ENDITEM,
        "Url=static/image/common/edit.gif", "Referer=http://127.0.0.1/discuz/forum.php?
        mod=viewthread&tid=1869&extra=", ENDITEM,
        LAST);

    return 0;
}
```

恋恋：脚本写完啦，我觉得我太聪明，那么快就搞定了。

云云：你运行看看，不要得意！

恋恋：我运行了，没有出错啊！

云云：自己去论坛看看帖子发出来了吗？

恋恋：发了啊，你看内容是"我家有只臭 Sheep！"

云云：额，你为什么没换账号？

恋恋：要换账号？你没说啊！

云云：你这个金鱼，就只有 7 秒的记忆，我让你先录一个用户发帖操作，再改了用户账号重新运行！

恋恋：这个多简单啊，看我手动改一个不就行了，连参数化都不用。

云云：说大话了吧！

云云：你运行试试！

恋恋：为什么不成功啊，给我一个答案。

云云：业务啊，你自己好好琢磨一下业务。

（分析业务）

恋恋：给我说这个技术。

云云：你重新用一个新用户登录发帖，录一个脚本比较一下。

恋恋：好吧，我重新录制一个，然后比较一下。

```
Action()
{
```

```
web_url("discuz",
    "URL=http://127.0.0.1/discuz/",
    "TargetFrame=",
    "Resource=0",
    "RecContentType=text/html",
    "Referer=",
    "Snapshot=t11.inf",
    "Mode=HTML",
    EXTRARES,
    "Url=static/image/common/background.png", "Referer=http://127.0.0.1/discuz/forum.
    php", ENDITEM,
    "Url=static/image/common/search.gif", "Referer=http://127.0.0.1/discuz/forum.php",
    ENDITEM,
    "Url=static/image/common/titlebg.png", "Referer=http://127.0.0.1/discuz/forum.
    php", ENDITEM,
    "Url=static/image/common/nv.png", "Referer=http://127.0.0.1/discuz/forum.php",
    ENDITEM,
    "Url=static/image/common/px.png", "Referer=http://127.0.0.1/discuz/forum.php",
    ENDITEM,
    "Url=static/image/common/chart.png", "Referer=http://127.0.0.1/discuz/forum.php",
    ENDITEM,
    "Url=static/image/common/qmenu.png", "Referer=http://127.0.0.1/discuz/forum.php",
    ENDITEM,
    "Url=static/image/common/nv_a.png", "Referer=http://127.0.0.1/discuz/forum.php",
    ENDITEM,
    "Url=static/image/common/cls.gif", "Referer=http://127.0.0.1/discuz/forum.php",
    ENDITEM,
    LAST);

web_submit_data("member.php",
    "Action=http://127.0.0.1/discuz/member.php?mod=logging&action=login&loginsubmit
    =yes&infloat=yes&inajax=1",
    "Method=POST",
    "TargetFrame=",
    "RecContentType=text/html",
    "Referer=http://127.0.0.1/discuz/forum.php",
    "Snapshot=t12.inf",
    "Mode=HTML",
    ITEMDATA,
    "Name=fastloginfield", "Value=username", ENDITEM,
    "Name=username", "Value=cloudits", ENDITEM,
    "Name=password", "Value=cloudits", ENDITEM,
    "Name=quickforward", "Value=yes", ENDITEM,
    "Name=handlekey", "Value=ls", ENDITEM,
    "Name=questionid", "Value=0", ENDITEM,
    "Name=answer", "Value=", ENDITEM,
    LAST);

web_add_cookie("38We_2132_lastact=1462588581%09forum.php%09; DOMAIN=127.0.0.1");
```

```
web_url("forum.php",
    "URL=http://127.0.0.1/discuz/forum.php",
    "TargetFrame=",
    "Resource=0",
    "RecContentType=text/html",
    "Referer=http://127.0.0.1/discuz/forum.php",
    "Snapshot=t13.inf",
    "Mode=HTML",
    EXTRARES,
    "Url=static/image/common/user_online.gif", ENDITEM,
    "Url=static/image/common/arrwd.gif", ENDITEM,
    "Url=static/image/common/new_pm.gif", ENDITEM,
    LAST);

web_add_cookie("38We_2132_checkpm=1; DOMAIN=127.0.0.1");

web_add_cookie("38We_2132_smile=1D1; DOMAIN=127.0.0.1");

web_url("默认版块",
    "URL=http://127.0.0.1/discuz/forum.php?mod=forumdisplay&fid=2",
    "TargetFrame=",
    "Resource=0",
    "RecContentType=text/html",
    "Referer=http://127.0.0.1/discuz/forum.php",
    "Snapshot=t14.inf",
    "Mode=HTML",
    EXTRARES,
    "Url=static/image/common/arw_r.gif", "Referer=http://127.0.0.1/discuz/forum.
    php?mod=forumdisplay&fid=2", ENDITEM,
    "Url=static/image/common/feed.gif", "Referer=http://127.0.0.1/discuz/forum.
    php?mod=forumdisplay&fid=2", ENDITEM,
    "Url=static/image/common/arw_l.gif", "Referer=http://127.0.0.1/discuz/forum.
    php?mod=forumdisplay&fid=2", ENDITEM,
    "Url=static/image/common/atarget.png", "Referer=http://127.0.0.1/discuz/forum.
    php?mod=forumdisplay&fid=2", ENDITEM,
    "Url=static/image/common/pt_item.png", "Referer=http://127.0.0.1/discuz/forum.
    php?mod=forumdisplay&fid=2", ENDITEM,
    "Url=static/image/common/fav.gif", "Referer=http://127.0.0.1/discuz/forum.php?mod
    =forumdisplay&fid=2", ENDITEM,
    "Url=static/image/common/pt_icn.png", "Referer=http://127.0.0.1/discuz/forum.php?
    mod=forumdisplay&fid=2", ENDITEM,
    "Url=static/image/editor/editor.gif", "Referer=http://127.0.0.1/discuz/forum.php?
    mod=forumdisplay&fid=2", ENDITEM,
    "Url=static/image/smiley/default/sad.gif", "Referer=http://127.0.0.1/discuz/forum.
    php?mod=forumdisplay&fid=2", ENDITEM,
    "Url=static/image/smiley/default/biggrin.gif", "Referer=http://127.0.0.1/discuz/
    forum.php?mod=forumdisplay&fid=2", ENDITEM,
    "Url=static/image/smiley/default/smile.gif", "Referer=http://127.0.0.1/discuz/
    forum.php?mod=forumdisplay&fid=2", ENDITEM,
```

```
        "Url=static/image/smiley/default/cry.gif", "Referer=http://127.0.0.1/discuz/
    forum.php?mod=forumdisplay&fid=2", ENDITEM,
        "Url=static/image/smiley/default/huffy.gif", "Referer=http://127.0.0.1/discuz/
    forum.php?mod=forumdisplay&fid=2", ENDITEM,
        "Url=static/image/smiley/default/shy.gif", "Referer=http://127.0.0.1/discuz/
    forum.php?mod=forumdisplay&fid=2", ENDITEM,
        "Url=static/image/smiley/default/shocked.gif", "Referer=http://127.0.0.1/discuz/
    forum.php?mod=forumdisplay&fid=2", ENDITEM,
        "Url=static/image/smiley/default/tongue.gif", "Referer=http://127.0.0.1/discuz/
    forum.php?mod=forumdisplay&fid=2", ENDITEM,
        "Url=static/image/smiley/default/titter.gif", "Referer=http://127.0.0.1/discuz/
    forum.php?mod=forumdisplay&fid=2", ENDITEM,
        "Url=static/image/smiley/default/sweat.gif", "Referer=http://127.0.0.1/discuz/
    forum.php?mod=forumdisplay&fid=2", ENDITEM,
        "Url=static/image/smiley/default/mad.gif", "Referer=http://127.0.0.1/discuz/
    forum.php?mod=forumdisplay&fid=2", ENDITEM,
        "Url=static/image/smiley/default/loveliness.gif", "Referer=http://127.0.0.1/
    discuz/forum.php?mod=forumdisplay&fid=2", ENDITEM,
        "Url=static/image/smiley/default/lol.gif", "Referer=http://127.0.0.1/discuz/
    forum.php?mod=forumdisplay&fid=2", ENDITEM,
        "Url=static/image/smiley/default/curse.gif", "Referer=http://127.0.0.1/discuz/
    forum.php?mod=forumdisplay&fid=2", ENDITEM,
        "Url=static/image/smiley/default/funk.gif", "Referer=http://127.0.0.1/discuz/
    forum.php?mod=forumdisplay&fid=2", ENDITEM,
        "Url=static/image/smiley/default/dizzy.gif", "Referer=http://127.0.0.1/discuz/
    forum.php?mod=forumdisplay&fid=2", ENDITEM,
        "Url=static/image/smiley/default/sleepy.gif", "Referer=http://127.0.0.1/discuz/
    forum.php?mod=forumdisplay&fid=2", ENDITEM,
        "Url=static/image/smiley/default/time.gif", "Referer=http://127.0.0.1/discuz/
    forum.php?mod=forumdisplay&fid=2", ENDITEM,
        "Url=static/image/smiley/default/shutup.gif", "Referer=http://127.0.0.1/discuz/
    forum.php?mod=forumdisplay&fid=2", ENDITEM,
        "Url=static/image/smiley/default/hug.gif", "Referer=http://127.0.0.1/discuz/
    forum.php?mod=forumdisplay&fid=2", ENDITEM,
        "Url=static/image/smiley/default/kiss.gif", "Referer=http://127.0.0.1/discuz/
    forum.php?mod=forumdisplay&fid=2", ENDITEM,
        "Url=static/image/smiley/default/victory.gif", "Referer=http://127.0.0.1/discuz/
    forum.php?mod=forumdisplay&fid=2", ENDITEM,
        "Url=static/image/smiley/default/handshake.gif", "Referer=http://127.0.0.1/
    discuz/forum.php?mod=forumdisplay&fid=2", ENDITEM,
        "Url=static/image/smiley/default/call.gif", "Referer=http://127.0.0.1/discuz/
    forum.php?mod=forumdisplay&fid=2", ENDITEM,
        LAST);

web_add_cookie("38We_2132_editormode_e=1; DOMAIN=127.0.0.1");

web_url("高级模式",
    "URL=http://127.0.0.1/discuz/forum.php?mod=post&action=newthread&fid=2",
    "TargetFrame=",
    "Resource=0",
```

```
    "RecContentType=text/html",
    "Referer=http://127.0.0.1/discuz/forum.php?mod=forumdisplay&fid=2",
    "Snapshot=t15.inf",
    "Mode=HTML",
    EXTRARES,
    "Url=static/image/common/newarow.gif", "Referer=http://127.0.0.1/discuz/forum.php?
    mod=post&action=newthread&fid=2", ENDITEM,
    "Url=static/image/common/card_btn.png", "Referer=http://127.0.0.1/discuz/forum.
    php?mod=post&action=newthread&fid=2", ENDITEM,
    "Url=static/image/common/notice.gif", "Referer=http://127.0.0.1/discuz/forum.
    php?mod=post&action=newthread&fid=2", ENDITEM,
    "Url=static/image/common/upload.swf?site=/discuz/misc.php%3fmod=swfupload%26type
    =image%26fid=2&type=image&random=A5GG", "Referer=http://127.0.0.1/discuz/forum.
    php?mod =post&action=newthread&fid=2", ENDITEM,
    "Url=static/image/common/upload.swf?site=/discuz/misc.php%3fmod=swfupload%26fid
    =2&random=rKQr", "Referer=http://127.0.0.1/discuz/forum.php?mod=post&action=
    newthread&fid=2", ENDITEM,
    LAST);

web_submit_data("forum.php_2",
    "Action=http://127.0.0.1/discuz/forum.php?mod=post&action=newthread&fid=2&extra
    =&topicsubmit=yes",
    "Method=POST",
    "TargetFrame=",
    "RecContentType=text/html",
    "Referer=http://127.0.0.1/discuz/forum.php?mod=post&action=newthread&fid=2",
    "Snapshot=t16.inf",
    "Mode=HTML",
    ITEMDATA,
    "Name=formhash", "Value=3dbc4249", ENDITEM,
    "Name=posttime", "Value=1462588592", ENDITEM,
    "Name=wysiwyg", "Value=1", ENDITEM,
    "Name=subject", "Value=我家有只奥 sheep", ENDITEM,
    "Name=message", "Value=我家有只奥 sheep", ENDITEM,
    "Name=save", "Value=", ENDITEM,
    "Name=uploadalbum", "Value=", ENDITEM,
    "Name=newalbum", "Value=", ENDITEM,
    "Name=usesig", "Value=1", ENDITEM,
    "Name=allownoticeauthor", "Value=1", ENDITEM,
    EXTRARES,
    "Url=static/image/common/rec_add.gif", "Referer=http://127.0.0.1/discuz/forum.php?
    mod=viewthread&tid=1870&extra=", ENDITEM,
    "Url=static/image/common/midavt_shadow.gif", "Referer=http://127.0.0.1/discuz/
    forum.php?mod=viewthread&tid=1870&extra=", ENDITEM,
    "Url=static/image/common/flbg.gif", "Referer=http://127.0.0.1/discuz/forum.php?
    mod=viewthread&tid=1870&extra=", ENDITEM,
    "Url=static/image/common/oshr.png", "Referer=http://127.0.0.1/discuz/forum.php?
    mod=viewthread&tid=1870&extra=", ENDITEM,
    "Url=static/image/common/fastreply.gif", "Referer=http://127.0.0.1/discuz/forum.
    php?mod=viewthread&tid=1870&extra=", ENDITEM,
```

```
        "Url=static/image/common/rec_subtract.gif", "Referer=http://127.0.0.1/discuz/
        forum.php?mod=viewthread&tid=1870&extra=", ENDITEM,
        "Url=static/image/common/repquote.gif", "Referer=http://127.0.0.1/discuz/forum.
        php?mod=viewthread&tid=1870&extra=", ENDITEM,
        "Url=static/image/common/edit.gif", "Referer=http://127.0.0.1/discuz/forum. php?
        mod=viewthread&tid=1870&extra=", ENDITEM,
        "Url=static/image/common/popupcredit_bg.gif", "Referer=http://127.0.0.1/discuz/
        forum.php?mod=viewthread&tid=1870&extra=", ENDITEM,
        LAST);

    return 0;
}
```

恋恋：我看了一下代码貌似没什么区别啊？

云云：好好看！认真看！仔细看！

恋恋：这里为什么不一样呢？第一次发帖是这样的。

```
    web_submit_data("forum.php_2",
    "Action=http://127.0.0.1/discuz/forum.php?mod=post&action=newthread&fid=2&extra
    =&topicsubmit=yes",
    "Method=POST",
    "TargetFrame=",
    "RecContentType=text/html",
    "Referer=http://127.0.0.1/discuz/forum.php?mod=post&action=newthread&fid=2",
    "Snapshot=t9.inf",
    "Mode=HTML",
    ITEMDATA,
    "Name=formhash", "Value=27ad1fe9", ENDITEM,
    "Name=posttime", "Value=1462587628", ENDITEM,
    "Name=wysiwyg", "Value=1", ENDITEM,
    "Name=subject", "Value=我家有只臭sheep", ENDITEM,
    "Name=message", "Value=我家有只臭sheep,但是我爱", ENDITEM,
    "Name=save", "Value=", ENDITEM,
    "Name=uploadalbum", "Value=", ENDITEM,
    "Name=newalbum", "Value=", ENDITEM,
    "Name=readperm", "Value=", ENDITEM,
    "Name=price", "Value=", ENDITEM,
    "Name=usesig", "Value=1", ENDITEM,
    "Name=allownoticeauthor", "Value=1", ENDITEM,
    EXTRARES,
    "Url=data/cache/style_1_forum_viewthread.css?z69", "Referer=http://127.0.0.1/
    discuz/ forum.php?mod=viewthread&tid=1869&extra=", ENDITEM,
    "Url=static/js/forum_viewthread.js?z69", "Referer=http://127.0.0.1/discuz/ forum.
    php?mod=viewthread&tid=1869&extra=", ENDITEM,
    "Url=uc_server/images/noavatar_middle.gif", "Referer=http://127.0.0.1/discuz/
    forum.php?mod=viewthread&tid=1869&extra=", ENDITEM,
    LAST);
```

恋恋：第二次发帖是这样的。

```
web_submit_data("forum.php_2",
    "Action=http://127.0.0.1/discuz/forum.php?mod=post&action=newthread&fid=2&extra
    =&topicsubmit=yes",
    "Method=POST",
    "TargetFrame=",
    "RecContentType=text/html",
    "Referer=http://127.0.0.1/discuz/forum.php?mod=post&action=newthread&fid=2",
    "Snapshot=t16.inf",
    "Mode=HTML",
    ITEMDATA,
    "Name=formhash", "Value=3dbc4249", ENDITEM,
    "Name=posttime", "Value=1462588592", ENDITEM,
    "Name=wysiwyg", "Value=1", ENDITEM,
    "Name=subject", "Value=我家有只臭 sheep", ENDITEM,
    "Name=message", "Value=我家有只臭 sheep", ENDITEM,
    "Name=save", "Value=", ENDITEM,
    "Name=uploadalbum", "Value=", ENDITEM,
    "Name=newalbum", "Value=", ENDITEM,
    "Name=usesig", "Value=1", ENDITEM,
    "Name=allownoticeauthor", "Value=1", ENDITEM,
    EXTRARES,
    "Url=static/image/common/rec_add.gif", "Referer=http://127.0.0.1/discuz/forum.php?
    mod=viewthread&tid=1870&extra=", ENDITEM,
    "Url=static/image/common/midavt_shadow.gif", "Referer=http://127.0.0.1/discuz/
    forum.php?mod=viewthread&tid=1870&extra=", ENDITEM,
    "Url=static/image/common/flbg.gif", "Referer=http://127.0.0.1/discuz/forum.php?
    mod=viewthread&tid=1870&extra=", ENDITEM,
    "Url=static/image/common/oshr.png", "Referer=http://127.0.0.1/discuz/forum.php?
    mod=viewthread&tid=1870&extra=", ENDITEM,
    "Url=static/image/common/fastreply.gif", "Referer=http://127.0.0.1/discuz/ forum.
    php?mod=viewthread&tid=1870&extra=", ENDITEM,
    "Url=static/image/common/rec_subtract.gif", "Referer=http://127.0.0.1/discuz/
    forum.php?mod=viewthread&tid=1870&extra=", ENDITEM,
    "Url=static/image/common/repquote.gif", "Referer=http://127.0.0.1/discuz/forum.
    php?mod=viewthread&tid=1870&extra=", ENDITEM,
    "Url=static/image/common/edit.gif", "Referer=http://127.0.0.1/discuz/forum.php?
    mod=viewthread&tid=1870&extra=", ENDITEM,
    "Url=static/image/common/popupcredit_bg.gif", "Referer=http://127.0.0.1/discuz/
    forum.php?mod=viewthread&tid=1870&extra=", ENDITEM,
    LAST);
```

恋恋：通过对比工具我发现了这里的区别，如图 3-6 所示。

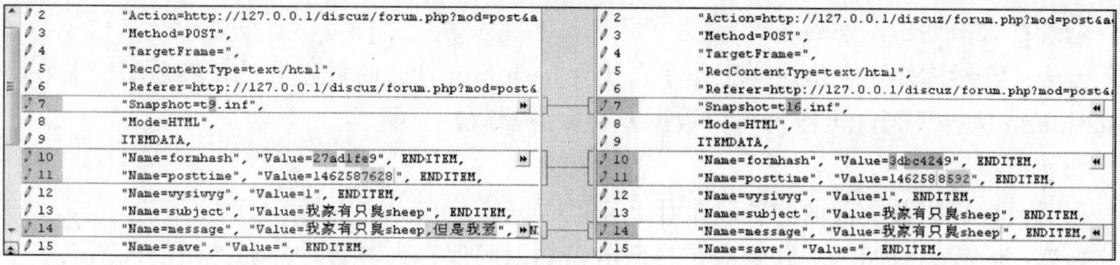

图 3-6

云云：还会用对比工具啊。

恋恋：你电脑上的东西什么都有，你用过我当然记得。

云云：现在你知道为什么帖子发布出来了吗？

恋恋：当然不知道！

云云：额，好吧，还是让我来解释一下吧。

云云：首先两个不同的点，一个是 Posttime 这是发帖时间，用 UNIX 时间模式的，所以不一样很正常。

恋恋：嗯，那另外一个呢？

云云：formhash 是一个串，在很多网站上为了防止别人"盗链"或者作弊，都会嵌入一个 hash 串，有点 Token 令牌的概念，就是每个登录用户都有一个唯一的 hash 串，好比前面你说的机票，发帖必须要保证 Cookie 和这个 hash 都匹配才行。

恋恋：哦，这样啊，这就是业务？

云云：对的，每个系统都有自己的业务，所以遇到脚本回放不成功是很正常的，关键是首先要知道哪些东西是用来做校验的，其次你要知道这些校验机制大概是怎么工作的，最后你要知道怎么通过关联来处理这些校验机制。

恋恋：你这样说我又不明白了，那么怎么处理这个问题呢？

云云：用关联啊！

恋恋：怎么用关联啊！

云云：关联是个函数啊！

恋恋：我知道是个函数，但是我不知道怎么用这个函数解决这个问题啊！

云云：好吧，我总算懂你意思了，不过确实大多数新人都会在这里犯这个错误，我还是高估你了，在我身边没有得到感化。

恋恋：快说。

云云：一般所有的验证机制都是服务器给你的，就好比机票，是你购买了根据你的身份证这类的 PK（主键）来生成的一个唯一的 Token 令牌。

恋恋：这个我知道。

云云：所以系统应该是在登录的时候根据你登录的信息给你生成了这个 hashform 的唯一串，你在后续发帖、删帖等操作中就需要用它。

恋恋：大概明白，然后呢？

云云：既然你知道它是这样工作了，找到 hashform 什么时候返回的，然后写个关联将这个 hashform 保存下来，再作为一个数据发给服务器就行了啊。

恋恋：不懂！

云云：自己去看看前面的关联是什么东西再来说，自己去看懂！

恋恋：给我点时间。关联函数是将服务器的返回保存为参数，然后使用的，那么……貌似我想明白了。

（试了几分钟）

恋恋：完全没找到方向，我怎么知道这个 formhash 哪里来的，我写的为什么都是一个错误啊。

云云：你还浮在表面没有理解透彻。

恋恋：快给我讲讲！

云云：讲了就没意思了啊，你要经过自己思考彻底认真总结。其实做关联麻烦的就是业务，你知道了这个需要校验一个 hashform，你也知道服务器要发给你 hashform，问题来了，你怎么知道什么时候这个 hashform 发给你的？

恋恋：我不知道啊！所以我也不知道关联写在哪里。

云云：对，就算知道了什么时候发给你，那么你也要知道左右边界是什么对吧！

恋恋：对，否则怎么写 LB 和 RB 把内容保存下来。

云云：所以这就是业务，想了解清楚最简单的方法问开发人员！

恋恋：不懂。

云云：说实话大多数时候开发人员还真不懂，因为做后台开发的不懂前台开发，做前台开发的不懂后台开发。

恋恋：那么怎么办呢？

云云：恋恋也有笨的时候。

恋恋（诡异的一笑）：小雳子，还不快说。

云云：在登录后，每个页面都会补上新的 hashform，其左右边界为 LB="action=logout&formhash="，RB="\">"

恋恋：OK，那么让我写代码试一下。

```
web_reg_save_param("hashform",
    "LB=action=logout&amp;formhash=",
    "RB=\">",
    "Ord=1",
    "Search=Noresource",
    LAST);

web_submit_data("member.php",
    "Action=http://127.0.0.1/discuz/member.php?mod=logging&action=login&loginsubmit
```

```
            =yes&infloat=yes&inajax=1",
            "Method=POST",
            "TargetFrame=",
            "RecContentType=text/html",
            "Referer=http://127.0.0.1/discuz/forum.php",
            "Snapshot=t12.inf",
            "Mode=HTML",
            ITEMDATA,
            "Name=fastloginfield", "Value=username", ENDITEM,
            "Name=username", "Value=cloudits", ENDITEM,
            "Name=password", "Value=cloudits", ENDITEM,
            "Name=quickforward", "Value=yes", ENDITEM,
            "Name=handlekey", "Value=ls", ENDITEM,
            "Name=questionid", "Value=0", ENDITEM,
            "Name=answer", "Value=", ENDITEM,
            LAST);
```

恋恋：为什么写了后还是出错？

```
    Action.c(32): Error -26377: No match found for the requested parameter "hashform". Either
the specified boundaries were not found in the response or the matched text is longer than current
max html parameter size of 256 bytes. The total length of the response is 377 bytes. You can use
web_set_max_html_param_len to increase the max parameter size.   [MsgId: MERR-26377]
    Action.c(32): Notify: Saving Parameter "hashform = ".
```

云云：这个问题很常见，就是你关联写的不太对，找不到匹配的数据。

恋恋：这就是你的问题了，还不快点解决。

云云：我说的没有错误啊，是你自己的问题啊。

恋恋：快说哪里不对啊。

云云：登录后的页面会带上 hashform，你现在的关联放在登录页面，这个页面又做得比较特殊，是一个 XML 返回再由 JS（JavaScript 的简写）跳转，所以你就关联不上了。放在后面这个请求里面试试。

恋恋：这样啊，听起来好复杂哦，不过我试试，代码改成这样，运行：

```
    web_submit_data("member.php",
            "Action=http://127.0.0.1/discuz/member.php?mod=logging&action=login&loginsubmit
            =yes&infloat=yes&inajax=1",
            "Method=POST",
            "TargetFrame=",
            "RecContentType=text/html",
            "Referer=http://127.0.0.1/discuz/forum.php",
            "Snapshot=t12.inf",
            "Mode=HTML",
            ITEMDATA,
            "Name=fastloginfield", "Value=username", ENDITEM,
            "Name=username", "Value=cloudits", ENDITEM,
            "Name=password", "Value=cloudits", ENDITEM,
            "Name=quickforward", "Value=yes", ENDITEM,
```

```
        "Name=handlekey", "Value=ls", ENDITEM,
        "Name=questionid", "Value=0", ENDITEM,
        "Name=answer", "Value=", ENDITEM,
        LAST);


    web_reg_save_param("hashform",
    "LB=action=logout&amp;formhash=",
    "RB=\">",
    "Ord=1",
    "Search=Noresource",
    LAST);

web_url("forum.php",
    "URL=http://127.0.0.1/discuz/forum.php",
    "TargetFrame=",
    "Resource=0",
    "RecContentType=text/html",
    "Referer=http://127.0.0.1/discuz/forum.php",
    "Snapshot=t13.inf",
    "Mode=HTML",
    EXTRARES,
    "Url=static/image/common/user_online.gif", ENDITEM,
    "Url=static/image/common/arrwd.gif", ENDITEM,
    "Url=static/image/common/new_pm.gif", ENDITEM,
    LAST);
```

恋恋：对了，看到这个 hashform 了。

Action.c(54): Notify: Saving Parameter "hashform = 3dbc4249".

云云：嗯，不错，搞定了吧，还差一点。

恋恋：搞定什么？

云云：你现在帖子还发布不出来呢？

恋恋：为什么，不是都关联了么？

云云：你关联了但是还没发给服务器啊！

恋恋：对了，我拿到关联的值怎么发给服务器啊。

云云：还记得参数么？

恋恋：记得，怎么了？

云云：关联出来的是参数，直接替换就行了。

恋恋：直接用关联的 hashform 替换对应的值？

云云：自己去回想一下昨天讲了什么。

（恋恋认真翻阅了一下昨天的代码，然后改了起来）

```
Action()
{
    web_url("discuz",
        "URL=http://127.0.0.1/discuz/",
```

```
    "TargetFrame=",
    "Resource=0",
    "RecContentType=text/html",
    "Referer=",
    "Snapshot=t11.inf",
    "Mode=HTML",
    EXTRARES,
    "Url=static/image/common/background.png", "Referer=http://127.0.0.1/discuz/ forum.
    php", ENDITEM,
    "Url=static/image/common/search.gif", "Referer=http://127.0.0.1/discuz/forum.php",
    ENDITEM,
    "Url=static/image/common/titlebg.png", "Referer=http://127.0.0.1/discuz/forum.
    php", ENDITEM,
    "Url=static/image/common/nv.png", "Referer=http://127.0.0.1/discuz/forum.php",
    ENDITEM,
    "Url=static/image/common/px.png", "Referer=http://127.0.0.1/discuz/forum.php",
    ENDITEM,
    "Url=static/image/common/chart.png", "Referer=http://127.0.0.1/discuz/forum.php",
    ENDITEM,
    "Url=static/image/common/qmenu.png", "Referer=http://127.0.0.1/discuz/forum.php",
    ENDITEM,
    "Url=static/image/common/nv_a.png", "Referer=http://127.0.0.1/discuz/forum.php",
    ENDITEM,
    "Url=static/image/common/cls.gif", "Referer=http://127.0.0.1/discuz/forum.php",
    ENDITEM,
    LAST);


web_submit_data("member.php",
    "Action=http://127.0.0.1/discuz/member.php?mod=logging&action=login&loginsubmit
    =yes&infloat=yes&inajax=1",
    "Method=POST",
    "TargetFrame=",
    "RecContentType=text/html",
    "Referer=http://127.0.0.1/discuz/forum.php",
    "Snapshot=t12.inf",
    "Mode=HTML",
    ITEMDATA,
    "Name=fastloginfield", "Value=username", ENDITEM,
    "Name=username", "Value=admin", ENDITEM,
    "Name=password", "Value=123456", ENDITEM,
    "Name=quickforward", "Value=yes", ENDITEM,
    "Name=handlekey", "Value=ls", ENDITEM,
    "Name=questionid", "Value=0", ENDITEM,
    "Name=answer", "Value=", ENDITEM,
    LAST);

    web_reg_save_param("hashform",
```

```
    "LB=action=logout&amp;formhash=",
    "RB=\">",
    "Ord=1",
    "Search=Noresource",
    LAST);

web_url("forum.php",
    "URL=http://127.0.0.1/discuz/forum.php",
    "TargetFrame=",
    "Resource=0",
    "RecContentType=text/html",
    "Referer=http://127.0.0.1/discuz/forum.php",
    "Snapshot=t13.inf",
    "Mode=HTML",
    EXTRARES,
    "Url=static/image/common/user_online.gif", ENDITEM,
    "Url=static/image/common/arrwd.gif", ENDITEM,
    "Url=static/image/common/new_pm.gif", ENDITEM,
    LAST);

web_url("默认版块",
    "URL=http://127.0.0.1/discuz/forum.php?mod=forumdisplay&fid=2",
    "TargetFrame=",
    "Resource=0",
    "RecContentType=text/html",
    "Referer=http://127.0.0.1/discuz/forum.php",
    "Snapshot=t14.inf",
    "Mode=HTML",
    EXTRARES,
    "Url=static/image/common/arw_r.gif", "Referer=http://127.0.0.1/discuz/forum.php?
    mod=forumdisplay&fid=2", ENDITEM,
    "Url=static/image/common/feed.gif", "Referer=http://127.0.0.1/discuz/forum.php?
    mod=forumdisplay&fid=2", ENDITEM,
    "Url=static/image/common/arw_l.gif", "Referer=http://127.0.0.1/discuz/forum.php?
    mod=forumdisplay&fid=2", ENDITEM,
    "Url=static/image/common/atarget.png", "Referer=http://127.0.0.1/discuz/forum.php?
    mod=forumdisplay&fid=2", ENDITEM,
    "Url=static/image/common/pt_item.png", "Referer=http://127.0.0.1/discuz/forum.php?
    mod=forumdisplay&fid=2", ENDITEM,
    "Url=static/image/common/fav.gif", "Referer=http://127.0.0.1/discuz/forum.php?
    mod=forumdisplay&fid=2", ENDITEM,
    "Url=static/image/common/pt_icn.png", "Referer=http://127.0.0.1/discuz/forum.php?
    mod=forumdisplay&fid=2", ENDITEM,
    "Url=static/image/editor/editor.gif", "Referer=http://127.0.0.1/discuz/forum.php?
    mod=forumdisplay&fid=2", ENDITEM,
    "Url=static/image/smiley/default/sad.gif", "Referer=http://127.0.0.1/discuz/forum.
    php?mod=forumdisplay&fid=2", ENDITEM,
    "Url=static/image/smiley/default/biggrin.gif", "Referer=http://127.0.0.1/discuz/
    forum.php?mod=forumdisplay&fid=2", ENDITEM,
    "Url=static/image/smiley/default/smile.gif", "Referer=http://127.0.0.1/discuz/
```

```
    forum.php?mod=forumdisplay&fid=2", ENDITEM,
    "Url=static/image/smiley/default/cry.gif", "Referer=http://127.0.0.1/discuz/ forum.
    php?mod=forumdisplay&fid=2", ENDITEM,
    "Url=static/image/smiley/default/huffy.gif", "Referer=http://127.0.0.1/discuz/
    forum.php?mod=forumdisplay&fid=2", ENDITEM,
    "Url=static/image/smiley/default/shy.gif", "Referer=http://127.0.0.1/discuz/ forum.
    php?mod=forumdisplay&fid=2", ENDITEM,
    "Url=static/image/smiley/default/shocked.gif", "Referer=http://127.0.0.1/discuz/
    forum.php?mod=forumdisplay&fid=2", ENDITEM,
    "Url=static/image/smiley/default/tongue.gif", "Referer=http://127.0.0.1/discuz/
    forum.php?mod=forumdisplay&fid=2", ENDITEM,
    "Url=static/image/smiley/default/titter.gif", "Referer=http://127.0.0.1/discuz/
    forum.php?mod=forumdisplay&fid=2", ENDITEM,
    "Url=static/image/smiley/default/sweat.gif", "Referer=http://127.0.0.1/discuz/
    forum.php?mod=forumdisplay&fid=2", ENDITEM,
    "Url=static/image/smiley/default/mad.gif", "Referer=http://127.0.0.1/discuz/
    forum.php?mod=forumdisplay&fid=2", ENDITEM,
    "Url=static/image/smiley/default/loveliness.gif", "Referer=http://127.0.0.1/
    discuz/forum.php?mod=forumdisplay&fid=2", ENDITEM,
    "Url=static/image/smiley/default/lol.gif", "Referer=http://127.0.0.1/discuz/ forum.
    php?mod=forumdisplay&fid=2", ENDITEM,
    "Url=static/image/smiley/default/curse.gif", "Referer=http://127.0.0.1/discuz/
    forum.php?mod=forumdisplay&fid=2", ENDITEM,
    "Url=static/image/smiley/default/funk.gif", "Referer=http://127.0.0.1/discuz/
    forum.php?mod=forumdisplay&fid=2", ENDITEM,
    "Url=static/image/smiley/default/dizzy.gif", "Referer=http://127.0.0.1/discuz/
    forum.php?mod=forumdisplay&fid=2", ENDITEM,
    "Url=static/image/smiley/default/sleepy.gif", "Referer=http://127.0.0.1/discuz/
    forum.php?mod=forumdisplay&fid=2", ENDITEM,
    "Url=static/image/smiley/default/time.gif", "Referer=http://127.0.0.1/discuz/
    forum.php?mod=forumdisplay&fid=2", ENDITEM,
    "Url=static/image/smiley/default/shutup.gif", "Referer=http://127.0.0.1/discuz/
    forum.php?mod=forumdisplay&fid=2", ENDITEM,
    "Url=static/image/smiley/default/hug.gif", "Referer=http://127.0.0.1/discuz/
    forum.php?mod=forumdisplay&fid=2", ENDITEM,
    "Url=static/image/smiley/default/kiss.gif", "Referer=http://127.0.0.1/discuz/
    forum.php?mod=forumdisplay&fid=2", ENDITEM,
    "Url=static/image/smiley/default/victory.gif", "Referer=http://127.0.0.1/discuz/
    forum.php?mod=forumdisplay&fid=2", ENDITEM,
    "Url=static/image/smiley/default/handshake.gif", "Referer=http://127.0.0.1/
    discuz/forum.php?mod=forumdisplay&fid=2", ENDITEM,
    "Url=static/image/smiley/default/call.gif", "Referer=http://127.0.0.1/discuz/
    forum.php?mod=forumdisplay&fid=2", ENDITEM,
    LAST);

web_url("高级模式",
    "URL=http://127.0.0.1/discuz/forum.php?mod=post&action=newthread&fid=2",
    "TargetFrame=",
    "Resource=0",
    "RecContentType=text/html",
```

```
    "Referer=http://127.0.0.1/discuz/forum.php?mod=forumdisplay&fid=2",
    "Snapshot=t15.inf",
    "Mode=HTML",
    EXTRARES,
    "Url=static/image/common/newarow.gif", "Referer=http://127.0.0.1/discuz/forum.php?
    mod=post&action=newthread&fid=2", ENDITEM,
    "Url=static/image/common/card_btn.png", "Referer=http://127.0.0.1/discuz/forum.
    php?mod=post&action=newthread&fid=2", ENDITEM,
    "Url=static/image/common/notice.gif", "Referer=http://127.0.0.1/discuz/forum.
    php?mod=post&action=newthread&fid=2", ENDITEM,
    "Url=static/image/common/upload.swf?site=/discuz/misc.php%3fmod=swfupload%26type
    =image%26fid=2&type=image&random=A5GG", "Referer=http://127.0.0.1/discuz/forum.
    php?mod =post&action=newthread&fid=2", ENDITEM,
    "Url=static/image/common/upload.swf?site=/discuz/misc.php%3fmod=swfupload%26fid
    =2&random=rKQr", "Referer=http://127.0.0.1/discuz/forum.php?mod=post&action=
    newthread&fid=2", ENDITEM,
    LAST);

web_submit_data("forum.php_2",
    "Action=http://127.0.0.1/discuz/forum.php?mod=post&action=newthread&fid=2&extra
    =&topicsubmit=yes",
    "Method=POST",
    "TargetFrame=",
    "RecContentType=text/html",
    "Referer=http://127.0.0.1/discuz/forum.php?mod=post&action=newthread&fid=2",
    "Snapshot=t16.inf",
    "Mode=HTML",
    ITEMDATA,
    "Name=formhash", "Value={hashform}", ENDITEM,
    "Name=posttime", "Value=1462588592", ENDITEM,
    "Name=wysiwyg", "Value=1", ENDITEM,
    "Name=subject", "Value=我家有只臭sheep", ENDITEM,
    "Name=message", "Value=我家有只臭sheep", ENDITEM,
    "Name=save", "Value=", ENDITEM,
    "Name=uploadalbum", "Value=", ENDITEM,
    "Name=newalbum", "Value=", ENDITEM,
    "Name=usesig", "Value=1", ENDITEM,
    "Name=allownoticeauthor", "Value=1", ENDITEM,
    EXTRARES,
    "Url=static/image/common/rec_add.gif", "Referer=http://127.0.0.1/discuz/forum.
    php?mod=viewthread&tid=1870&extra=", ENDITEM,
    "Url=static/image/common/midavt_shadow.gif", "Referer=http://127.0.0.1/discuz/
    forum.php?mod=viewthread&tid=1870&extra=", ENDITEM,
    "Url=static/image/common/flbg.gif", "Referer=http://127.0.0.1/discuz/forum.php?
    mod=viewthread&tid=1870&extra=", ENDITEM,
    "Url=static/image/common/oshr.png", "Referer=http://127.0.0.1/discuz/forum.php?
    mod=viewthread&tid=1870&extra=", ENDITEM,
    "Url=static/image/common/fastreply.gif", "Referer=http://127.0.0.1/discuz/
    forum.php?mod=viewthread&tid=1870&extra=", ENDITEM,
    "Url=static/image/common/rec_subtract.gif", "Referer=http://127.0.0.1/discuz/
```

```
forum.php?mod=viewthread&tid=1870&extra=", ENDITEM,
"Url=static/image/common/repquote.gif", "Referer=http://127.0.0.1/discuz/ forum.
php?mod=viewthread&tid=1870&extra=", ENDITEM,
"Url=static/image/common/edit.gif", "Referer=http://127.0.0.1/discuz/forum. php?
mod=viewthread&tid=1870&extra=", ENDITEM,
"Url=static/image/common/popupcredit_bg.gif", "Referer=http://127.0.0.1/discuz/
forum.php?mod=viewthread&tid=1870&extra=", ENDITEM,
LAST);

    return 0;
}
```

恋恋：修改登录用户名，按 F5 键，发帖成功，10 分通过

云云：不错，还算有自己解决问题的能力。

恋恋：我还有一个不明白的地方，万一开发人员不知道在哪里返回的怎么办，而且这个论坛又不是你开发的，你怎么知道什么时候返回的，返回边界是什么？

云云：这个问题问得有水平，本来还想以后再给你说，看来还是要先 Show（秀）一下独家秘笈了。首先需要在电脑上装个 HttpWatch 工具，虽然别的工具也可以，但是我觉得都没这个方便。

恋恋：我看到你上课时都讲到这个工具，还在纳闷为什么你没给我专门讲。

云云：你是速成，所以有些基础放到后面来讲，现在实用为主。

恋恋：嗯，然后呢？

云云：启动 HttpWatch 录制整个登录发帖的内容（由于 IE11 会保护防止 HttpWatch 抓包，所以这里单独安装 Firefox32，并在该浏览器上使用），如图 3-7 所示。

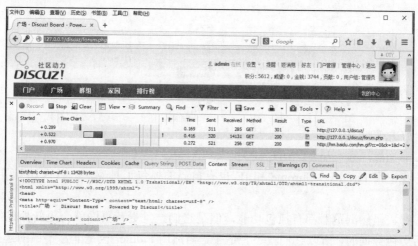

图 3-7

云云：HttpWatch 能记录所有的请求，接着找到发帖请求，把发帖用的 hashcode 复制出来使用 "Find" 在所有请求中查询，如图 3-8 所示。

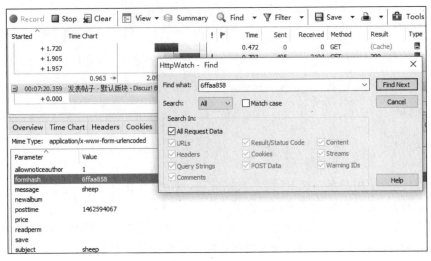

图 3-8

你就发现这个 hashform 值就会跳出来，这就是第一次返回的跟踪，如图 3-9 所示。

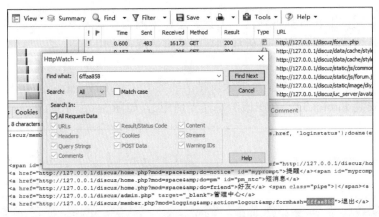

图 3-9

恋恋：好方便啊。

云云：那当然，独家秘笈，用这找关联最方便了。

恋恋：我记得 Firefox、Chrome 和 IE 也有自己的抓包工具啊，为什么还要用 HttpWatch 呢？

云云：嗯，虽然浏览器都有抓包功能，但是它们一旦更新页面就会更新抓包信息，而我们是需要历史包数据的，所以它们就不合适了，当然用 Fiddler 也是非常不错的选择，出于初学的角度，这里就提了。

恋恋：好，我们出门，犒劳一下。

3.3 第三个性能测试案例

云云：回归正题，晚上要做第三个性能测试案例了。

恋恋：是什么内容呢？

云云：自动跟帖！

恋恋：什么叫自动跟帖？

云云：就是对没有回帖的帖子做自动回复，然后看看回帖的性能！

恋恋：听起来很有趣么，有点抢红包外挂的感觉。

云云：本质上还真的蛮类似的。

恋恋：OK，我来做一下，看看能做出来吗。

云云：我安心看球。

恋恋：你支持恒大还是上港？

云云：你懂的啊，但是我觉得上港还不是恒大的对手。

恋恋：为什么，我觉得上港很厉害啊！

云云：就和性能测试一样，表面的一下峰值不能代替整体，也许 TPS 可以很高，但是总的事务可能还是比不上的，所以性能测试不要简单用某一小块的表现来替换整体。

恋恋：哦，好深奥啊！

云云：等后面几天给你讲吧，现在讲这个太早了。

恋恋：好吧，我先去写脚本。

```
Action()
{
    web_url("forum.php",
        "URL=http://127.0.0.1/discuz/forum.php",
        "TargetFrame=",
        "Resource=0",
        "RecContentType=text/html",
        "Referer=",
        "Snapshot=t1.inf",
        "Mode=HTML",
        EXTRARES,
        "Url=static/image/common/background.png", ENDITEM,
        "Url=static/image/common/newarow.gif", ENDITEM,
        "Url=static/image/common/cls.gif", ENDITEM,
        "Url=static/image/common/px.png", ENDITEM,
        "Url=static/image/common/nv.png", ENDITEM,
        "Url=static/image/common/nv_a.png", ENDITEM,
        "Url=static/image/common/qmenu.png", ENDITEM,
        "Url=static/image/common/ratbg.gif", ENDITEM,
        "Url=static/image/common/search.gif", ENDITEM,
        "Url=static/image/common/chart.png", ENDITEM,
```

```
        "Url=static/image/common/titlebg.png", ENDITEM,
        LAST);

    lr_think_time(15);

    web_submit_data("member.php",
        "Action=http://127.0.0.1/discuz/member.php?mod=logging&action=login&loginsubmit
        =yes&infloat=yes&inajax=1",
        "Method=POST",
        "TargetFrame=",
        "RecContentType=text/html",
        "Referer=http://127.0.0.1/discuz/forum.php",
        "Snapshot=t2.inf",
        "Mode=HTML",
        ITEMDATA,
        "Name=fastloginfield", "Value=username", ENDITEM,
        "Name=username", "Value=admin", ENDITEM,
        "Name=password", "Value=123456", ENDITEM,
        "Name=quickforward", "Value=yes", ENDITEM,
        "Name=handlekey", "Value=ls", ENDITEM,
        "Name=questionid", "Value=0", ENDITEM,
        "Name=answer", "Value=", ENDITEM,
        LAST);

    web_add_cookie("38We_2132_checkpm=1; DOMAIN=127.0.0.1");

    web_url("forum.php_2",
        "URL=http://127.0.0.1/discuz/forum.php",
        "TargetFrame=",
        "Resource=0",
        "RecContentType=text/html",
        "Referer=http://127.0.0.1/discuz/forum.php",
        "Snapshot=t3.inf",
        "Mode=HTML",
        EXTRARES,
        "Url=uc_server/images/noavatar_small.gif", ENDITEM,
        "Url=static/image/common/user_online.gif", ENDITEM,
        "Url=static/image/common/arrwd.gif", ENDITEM,
        "Url=static/image/feed/doing.gif", ENDITEM,
        "Url=static/image/feed/favorite.gif", ENDITEM,
        "Url=static/image/feed/thread.gif", ENDITEM,
        "Url=static/image/feed/blog.gif", ENDITEM,
        "Url=static/image/feed/album.gif", ENDITEM,
        "Url=static/image/feed/share.gif", ENDITEM,
        LAST);

    lr_think_time(4);

    web_url("默认版块",
        "URL=http://127.0.0.1/discuz/forum.php?mod=forumdisplay&fid=2",
```

```
"TargetFrame=",
"Resource=0",
"RecContentType=text/html",
"Referer=http://127.0.0.1/discuz/forum.php",
"Snapshot=t4.inf",
"Mode=HTML",
EXTRARES,
"Url=data/cache/style_1_forum_moderator.css?z69", "Referer=http://127.0.0.1/
discuz/forum.php?mod=forumdisplay&fid=2", ENDITEM,
"Url=static/image/common/pt_item.png", "Referer=http://127.0.0.1/discuz/ forum.php?
mod=forumdisplay&fid=2", ENDITEM,
"Url=static/image/common/pt_icn.png", "Referer=http://127.0.0.1/discuz/ forum.php?
mod=forumdisplay&fid=2", ENDITEM,
"Url=static/image/common/recyclebin.gif", "Referer=http://127.0.0.1/discuz/ forum.
php?mod=forumdisplay&fid=2", ENDITEM,
"Url=static/image/common/fav.gif", "Referer=http://127.0.0.1/discuz/forum.php?mod
=forumdisplay&fid=2", ENDITEM,
"Url=static/image/common/mdly.png", "Referer=http://127.0.0.1/discuz/forum.php?
mod=forumdisplay&fid=2", ENDITEM,
"Url=static/image/common/feed.gif", "Referer=http://127.0.0.1/discuz/forum.php?
mod=forumdisplay&fid=2", ENDITEM,
"Url=static/image/common/arw_l.gif", "Referer=http://127.0.0.1/discuz/forum. php?
mod=forumdisplay&fid=2", ENDITEM,
"Url=static/image/common/arw_r.gif", "Referer=http://127.0.0.1/discuz/forum.php?
mod=forumdisplay&fid=2", ENDITEM,
"Url=static/image/smiley/default/smile.gif", "Referer=http://127.0.0.1/discuz/
forum.php?mod=forumdisplay&fid=2", ENDITEM,
"Url=static/image/common/atarget.png", "Referer=http://127.0.0.1/discuz/ forum.php?
mod=forumdisplay&fid=2", ENDITEM,
"Url=static/image/smiley/default/sad.gif", "Referer=http://127.0.0.1/discuz/forum.
php?mod=forumdisplay&fid=2", ENDITEM,
"Url=static/image/editor/editor.gif", "Referer=http://127.0.0.1/discuz/forum.
php?mod=forumdisplay&fid=2", ENDITEM,
"Url=static/image/smiley/default/biggrin.gif", "Referer=http://127.0.0.1/discuz/
forum.php?mod=forumdisplay&fid=2", ENDITEM,
"Url=static/image/smiley/default/huffy.gif", "Referer=http://127.0.0.1/discuz/
forum.php?mod=forumdisplay&fid=2", ENDITEM,
"Url=static/image/smiley/default/shocked.gif", "Referer=http://127.0.0.1/discuz/
forum.php?mod=forumdisplay&fid=2", ENDITEM,
"Url=static/image/smiley/default/tongue.gif", "Referer=http://127.0.0.1/discuz/
forum.php?mod=forumdisplay&fid=2", ENDITEM,
"Url=static/image/smiley/default/cry.gif", "Referer=http://127.0.0.1/discuz/ forum.
php?mod=forumdisplay&fid=2", ENDITEM,
"Url=static/image/smiley/default/shy.gif", "Referer=http://127.0.0.1/discuz/ forum.
php?mod=forumdisplay&fid=2", ENDITEM,
"Url=static/image/smiley/default/titter.gif", "Referer=http://127.0.0.1/discuz/
forum.php?mod=forumdisplay&fid=2", ENDITEM,
"Url=static/image/smiley/default/sweat.gif", "Referer=http://127.0.0.1/discuz/
forum.php?mod=forumdisplay&fid=2", ENDITEM,
"Url=static/image/smiley/default/mad.gif", "Referer=http://127.0.0.1/discuz/
```

```
        forum.php?mod=forumdisplay&fid=2", ENDITEM,
        "Url=static/image/smiley/default/lol.gif", "Referer=http://127.0.0.1/discuz/
        forum.php?mod=forumdisplay&fid=2", ENDITEM,
        "Url=static/image/smiley/default/funk.gif", "Referer=http://127.0.0.1/discuz/
        forum.php?mod=forumdisplay&fid=2", ENDITEM,
        "Url=static/image/smiley/default/dizzy.gif", "Referer=http://127.0.0.1/discuz/
        forum.php?mod=forumdisplay&fid=2", ENDITEM,
        "Url=static/image/smiley/default/loveliness.gif", "Referer=http://127.0.0.1/
        discuz/forum.php?mod=forumdisplay&fid=2", ENDITEM,
        "Url=static/image/smiley/default/shutup.gif", "Referer=http://127.0.0.1/discuz/
        forum.php?mod=forumdisplay&fid=2", ENDITEM,
        "Url=static/image/smiley/default/curse.gif", "Referer=http://127.0.0.1/discuz/
        forum.php?mod=forumdisplay&fid=2", ENDITEM,
        "Url=static/image/smiley/default/sleepy.gif", "Referer=http://127.0.0.1/discuz/
        forum.php?mod=forumdisplay&fid=2", ENDITEM,
        "Url=static/image/smiley/default/hug.gif", "Referer=http://127.0.0.1/discuz/
        forum.php?mod=forumdisplay&fid=2", ENDITEM,
        "Url=static/image/smiley/default/victory.gif", "Referer=http://127.0.0.1/discuz/
        forum.php?mod=forumdisplay&fid=2", ENDITEM,
        "Url=static/image/smiley/default/call.gif", "Referer=http://127.0.0.1/discuz/
        forum.php?mod=forumdisplay&fid=2", ENDITEM,
        "Url=static/image/smiley/default/kiss.gif", "Referer=http://127.0.0.1/discuz/
        forum.php?mod=forumdisplay&fid=2", ENDITEM,
        "Url=static/image/smiley/default/time.gif", "Referer=http://127.0.0.1/discuz/
        forum.php?mod=forumdisplay&fid=2", ENDITEM,
        "Url=static/image/common/pollsmall.gif", "Referer=http://127.0.0.1/discuz/ forum.
        php?mod=forumdisplay&fid=2", ENDITEM,
        "Url=static/image/smiley/default/handshake.gif", "Referer=http://127.0.0.1/
        discuz/forum.php?mod=forumdisplay&fid=2", ENDITEM,
        LAST);

    web_url("sheep",
        "URL=http://127.0.0.1/discuz/forum.php?mod=viewthread&tid=1872&extra=page%3D1",
        "TargetFrame=",
        "Resource=0",
        "RecContentType=text/html",
        "Referer=http://127.0.0.1/discuz/forum.php?mod=forumdisplay&fid=2",
        "Snapshot=t5.inf",
        "Mode=HTML",
        EXTRARES,
        "Url=uc_server/images/noavatar_middle.gif", "Referer=http://127.0.0.1/discuz/
        forum.php?mod=viewthread&tid=1872&extra=page%3D1", ENDITEM,
        "Url=static/image/common/edit.gif", "Referer=http://127.0.0.1/discuz/forum.php?
        mod=viewthread&tid=1872&extra=page%3D1", ENDITEM,
        "Url=static/image/common/pmto.gif", "Referer=http://127.0.0.1/discuz/forum.php?
        mod=viewthread&tid=1872&extra=page%3D1", ENDITEM,
        "Url=static/image/common/midavt_shadow.gif", "Referer=http://127.0.0.1/discuz/
        forum.php?mod=viewthread&tid=1872&extra=page%3D1", ENDITEM,
        "Url=static/image/common/flbg.gif", "Referer=http://127.0.0.1/discuz/forum.php?
        mod=viewthread&tid=1872&extra=page%3D1", ENDITEM,
```

```
        "Url=static/image/common/fastreply.gif", "Referer=http://127.0.0.1/discuz/forum.
        php?mod=viewthread&tid=1872&extra=page%3D1", ENDITEM,
        "Url=static/image/common/repquote.gif", "Referer=http://127.0.0.1/discuz/forum.
        php?mod=viewthread&tid=1872&extra=page%3D1", ENDITEM,
        "Url=static/image/common/oshr.png", "Referer=http://127.0.0.1/discuz/forum.php?
        mod=viewthread&tid=1872&extra=page%3D1", ENDITEM,
        "Url=static/image/common/rec_subtract.gif", "Referer=http://127.0.0.1/discuz/
        forum.php?mod=viewthread&tid=1872&extra=page%3D1", ENDITEM,
        "Url=static/image/common/rec_add.gif", "Referer=http://127.0.0.1/discuz/forum.php?
        mod=viewthread&tid=1872&extra=page%3D1", ENDITEM,
        LAST);


    lr_think_time(14);

    web_submit_data("forum.php_3",
        "Action=http://127.0.0.1/discuz/forum.php?mod=post&action=reply&fid=2&tid =1872&
        extra=%26page%3D1&replysubmit=yes&infloat=yes&handlekey=fastpost&inajax=1",
        "Method=POST",
        "TargetFrame=",
        "RecContentType=text/html",
        "Referer=http://127.0.0.1/discuz/forum.php?mod=viewthread&tid=1872&extra =page%
        3D1",
        "Snapshot=t6.inf",
        "Mode=HTML",
        ITEMDATA,
        "Name=message", "Value=love you", ENDITEM,
        "Name=formhash", "Value=1d6b658b", ENDITEM,
        "Name=subject", "Value=", ENDITEM,
        EXTRARES,
        "Url=static/image/common/loading.gif", "Referer=http://127.0.0.1/discuz/forum.
        php?mod=viewthread&tid=1872&extra=page%3D1", ENDITEM,
        LAST);

    web_url("forum.php_4",
        "URL=http://127.0.0.1/discuz/forum.php?mod=viewthread&tid=1872&viewpid=1873&from
        =&inajax=1&ajaxtarget=post_new",
        "TargetFrame=",
        "Resource=0",
        "RecContentType=text/html",
        "Referer=http://127.0.0.1/discuz/",
        "Snapshot=t7.inf",
        "Mode=HTML",
        EXTRARES,
        "Url=static/image/common/popupcredit_bg.gif", "Referer=http://127.0.0.1/discuz/
        forum.php?mod=viewthread&tid=1872&extra=page%3D1", ENDITEM,
        LAST);

    return 0;
}
```

恋恋：这是我录制出来的脚本，我要自动跟帖该怎么做呢？

云云：自己想，不能什么都靠我，以后工作了我不在怎么办？

恋恋：讨厌，让我在想一下，要不给点思路吧。

云云：首先要你获得哪些帖子没有被跟过贴！

恋恋：这个我怎么知道啊？

云云：关联啊！

恋恋：不会，你要给点有意义的提示么！

云云：为什么这东西你会想不明白呢，你发个请求给服务器对吧，服务器返回了帖子列表对吧。

恋恋：嗯，对啊，然后呢？

云云：你怎么知道有帖子没回帖呢？

恋恋：页面上显示了啊，你看帖子后面写着回帖 0 呢！

云云：这不就行了，写个关联就行了啊。

恋恋：不太懂。

云云：就是你发请求给服务器了，服务器返回了这个帖子回帖为 0，那么你做个关联匹配这个条件的记录就行了啊。

恋恋：我看了一下代码，服务器返回的帖子内容在这里，如图 3-10 所示。

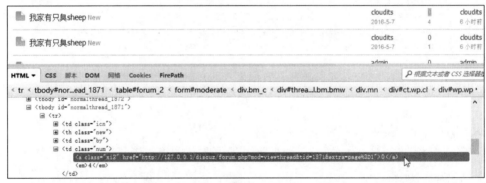

图 3-10

云云：哎哟还会用 Firebug 啦，我记得没教过你啊。

恋恋：你讲 WebDriver 的时候我在边上听过，觉得蛮好用的，所以我就记住啦。家里有你这个大神，随便学两招也很厉害的啦。

云云：嘿嘿，那么既然找到>0</a>这里的数字是要关联的判断边界，那么就很简单啦，可以写关联啦。

恋恋：让我试试，我要留下的是 1871 这个帖子编号，然后边界里面要包含>0</a>对吧。

云云：对的，自己写个关联试吧。

（几分钟后）

```
web_reg_save_param_ex(
    "ParamName=tid",
    "LB=forum.php?mod=viewthread&tid=",
    "RB=&extra=page%3D1">0</a>",
    "Ordinal=1",
    SEARCH_FILTERS,
    LAST);
```

恋恋：为什么这样写代码会出错啊？

云云：转义，你双引号里面带个双引号，电脑不知道你到底是什么！

恋恋：LR 的转义是？

云云：\反除号，标准 C 语言。

恋恋：OK，这下代码对了，运行看看对不对：

```
web_reg_save_param_ex(
    "ParamName=tid",
    "LB=forum.php?mod=viewthread&tid=",
    "RB=&extra=page%3D1\">1</a>",
    "Ordinal=1",
    SEARCH_FILTERS,
    LAST);
```

恋恋：出错了，为什么不对啊。

云云：我怎么知道啊，看球呢，肯定是你边界写错了。

恋恋：没道理啊，我从 Firebug 上复制过来的。

云云：用心眼看东西，不要用肉眼。

恋恋：搞不定，烦！

云云：看我来搞定吧，有些基础你不懂，偶卡一下很正常。

恋恋：基础是什么呢？

云云：本质上是解决问题和理解问题的能力吧，来我来运行一下。

恋恋：让我偷师一下。

云云：嗯，看起来边界确实写的没什么问题。

恋恋：看来你也解决不了啦。

云云：没有的事，来我改一下关联边界：

```
web_reg_save_param_ex(
    "ParamName=tid",
    "LB=tid=",
    "RB=0</a>",
    "Ordinal=1",
    SEARCH_FILTERS,
    LAST);
```

云云：来看一下返回的关联有值了：

```
Action.c(88): Notify: Saving Parameter "tid = 1871&amp;extra=page%3D1" class="xi2">".
```

恋恋：为什么你会这样做？

云云：有些空格，回车换行你是看不出来的，但是在关联里面是要处理的。所以先把边界写的宽一点可以看看里面到底是什么，现在再把关联边界调整下就行了：

```
web_reg_save_param_ex(
    "ParamName=tid",
    "LB=tid=",
    "RB=&amp;extra=page%3D1\" class=\"xi2\">1</a>",
    "Ordinal=1",
    SEARCH_FILTERS,
    LAST);
```

云云：结果 1865 出来了。

恋恋：好厉害啊。对了，没有回帖是不是应该是 0 啊。

云云：对哦，我都没注意，怪说不得帖子编号不对。

恋恋：每一个开发后面都应该有一个好测试。

云云：对的，下半场要开始了，你快把脚本做了吧。

恋恋：哼，就知道看球，我去写脚本了。

恋恋：哈哈，搞定了，快看快看，自动回帖了。

```
Action()
{


    web_url("forum.php",
        "URL=http://127.0.0.1/discuz/forum.php",
        "TargetFrame=",
        "Resource=0",
        "RecContentType=text/html",
        "Referer=",
        "Snapshot=t1.inf",
        "Mode=HTML",
        EXTRARES,
        "Url=static/image/common/background.png", ENDITEM,
        "Url=static/image/common/newarow.gif", ENDITEM,
        "Url=static/image/common/cls.gif", ENDITEM,
        "Url=static/image/common/px.png", ENDITEM,
        "Url=static/image/common/nv.png", ENDITEM,
        "Url=static/image/common/nv_a.png", ENDITEM,
        "Url=static/image/common/qmenu.png", ENDITEM,
        "Url=static/image/common/ratbg.gif", ENDITEM,
        "Url=static/image/common/search.gif", ENDITEM,
        "Url=static/image/common/chart.png", ENDITEM,
        "Url=static/image/common/titlebg.png", ENDITEM,
        LAST);
```

```
lr_think_time(15);

web_submit_data("member.php",
    "Action=http://127.0.0.1/discuz/member.php?mod=logging&action=login&loginsubmit
    =yes&infloat=yes&inajax=1",
    "Method=POST",
    "TargetFrame=",
    "RecContentType=text/html",
    "Referer=http://127.0.0.1/discuz/forum.php",
    "Snapshot=t2.inf",
    "Mode=HTML",
    ITEMDATA,
    "Name=fastloginfield", "Value=username", ENDITEM,
    "Name=username", "Value=admin", ENDITEM,
    "Name=password", "Value=123456", ENDITEM,
    "Name=quickforward", "Value=yes", ENDITEM,
    "Name=handlekey", "Value=ls", ENDITEM,
    "Name=questionid", "Value=0", ENDITEM,
    "Name=answer", "Value=", ENDITEM,
    LAST);

web_add_cookie("38We_2132_checkpm=1; DOMAIN=127.0.0.1");

web_url("forum.php_2",
    "URL=http://127.0.0.1/discuz/forum.php",
    "TargetFrame=",
    "Resource=0",
    "RecContentType=text/html",
    "Referer=http://127.0.0.1/discuz/forum.php",
    "Snapshot=t3.inf",
    "Mode=HTML",
    EXTRARES,
    "Url=uc_server/images/noavatar_small.gif", ENDITEM,
    "Url=static/image/common/user_online.gif", ENDITEM,
    "Url=static/image/common/arrwd.gif", ENDITEM,
    "Url=static/image/feed/doing.gif", ENDITEM,
    "Url=static/image/feed/favorite.gif", ENDITEM,
    "Url=static/image/feed/thread.gif", ENDITEM,
    "Url=static/image/feed/blog.gif", ENDITEM,
    "Url=static/image/feed/album.gif", ENDITEM,
    "Url=static/image/feed/share.gif", ENDITEM,
    LAST);

lr_think_time(4);

web_reg_save_param_ex(
    "ParamName=tid",
    "LB=tid=",
    "RB=&amp;extra=page%3D1\" class=\"xi2\">0</a>",
```

```
            "Ordinal=1",
            SEARCH_FILTERS,
            LAST);


web_url("默认版块",
            "URL=http://127.0.0.1/discuz/forum.php?mod=forumdisplay&fid=2",
            "TargetFrame=",
            "Resource=0",
            "RecContentType=text/html",
            "Referer=http://127.0.0.1/discuz/forum.php",
            "Snapshot=t4.inf",
            "Mode=HTML",
            EXTRARES,
            "Url=data/cache/style_1_forum_moderator.css?z69", "Referer=http://127.0.0.1/
            discuz/forum.php?mod=forumdisplay&fid=2", ENDITEM,
            "Url=static/image/common/pt_item.png", "Referer=http://127.0.0.1/discuz/forum.
            php?mod=forumdisplay&fid=2", ENDITEM,
            "Url=static/image/common/pt_icn.png", "Referer=http://127.0.0.1/discuz/forum.
            php?mod=forumdisplay&fid=2", ENDITEM,
            "Url=static/image/common/recyclebin.gif", "Referer=http://127.0.0.1/discuz/forum.
            php?mod=forumdisplay&fid=2", ENDITEM,
            "Url=static/image/common/fav.gif", "Referer=http://127.0.0.1/discuz/forum.
            php?mod=forumdisplay&fid=2", ENDITEM,
            "Url=static/image/common/mdly.png", "Referer=http://127.0.0.1/discuz/forum.
            php?mod=forumdisplay&fid=2", ENDITEM,
            "Url=static/image/common/feed.gif", "Referer=http://127.0.0.1/discuz/forum.
            php?mod=forumdisplay&fid=2", ENDITEM,
            "Url=static/image/common/arw_l.gif", "Referer=http://127.0.0.1/discuz/forum.
            php?mod=forumdisplay&fid=2", ENDITEM,
            "Url=static/image/common/arw_r.gif", "Referer=http://127.0.0.1/discuz/forum.
            php?mod=forumdisplay&fid=2", ENDITEM,
            "Url=static/image/smiley/default/smile.gif", "Referer=http://127.0.0.1/discuz/
            forum.php?mod=forumdisplay&fid=2", ENDITEM,
            "Url=static/image/common/atarget.png", "Referer=http://127.0.0.1/discuz/forum.
            php?mod=forumdisplay&fid=2", ENDITEM,
            "Url=static/image/smiley/default/sad.gif", "Referer=http://127.0.0.1/discuz/forum.
            php?mod=forumdisplay&fid=2", ENDITEM,
            "Url=static/image/editor/editor.gif", "Referer=http://127.0.0.1/discuz/forum.
            php?mod=forumdisplay&fid=2", ENDITEM,
            "Url=static/image/smiley/default/biggrin.gif", "Referer=http://127.0.0.1/discuz/
            forum.php?mod=forumdisplay&fid=2", ENDITEM,
            "Url=static/image/smiley/default/huffy.gif", "Referer=http://127.0.0.1/discuz/
            forum.php?mod=forumdisplay&fid=2", ENDITEM,
            "Url=static/image/smiley/default/shocked.gif", "Referer=http://127.0.0.1/discuz/
            forum.php?mod=forumdisplay&fid=2", ENDITEM,
            "Url=static/image/smiley/default/tongue.gif", "Referer=http://127.0.0.1/discuz/
            forum.php?mod=forumdisplay&fid=2", ENDITEM,
            "Url=static/image/smiley/default/cry.gif", "Referer=http://127.0.0.1/discuz/
            forum.php?mod=forumdisplay&fid=2", ENDITEM,
            "Url=static/image/smiley/default/shy.gif", "Referer=http://127.0.0.1/discuz/
```

```
        forum.php?mod=forumdisplay&fid=2", ENDITEM,
    "Url=static/image/smiley/default/titter.gif", "Referer=http://127.0.0.1/discuz/
    forum.php?mod=forumdisplay&fid=2", ENDITEM,
    "Url=static/image/smiley/default/sweat.gif", "Referer=http://127.0.0.1/discuz/
    forum.php?mod=forumdisplay&fid=2", ENDITEM,
    "Url=static/image/smiley/default/mad.gif", "Referer=http://127.0.0.1/discuz/ forum.
    php?mod=forumdisplay&fid=2", ENDITEM,
    "Url=static/image/smiley/default/lol.gif", "Referer=http://127.0.0.1/discuz/ forum.
    php?mod=forumdisplay&fid=2", ENDITEM,
    "Url=static/image/smiley/default/funk.gif", "Referer=http://127.0.0.1/discuz/
    forum.php?mod=forumdisplay&fid=2", ENDITEM,
    "Url=static/image/smiley/default/dizzy.gif", "Referer=http://127.0.0.1/discuz/
    forum.php?mod=forumdisplay&fid=2", ENDITEM,
    "Url=static/image/smiley/default/loveliness.gif", "Referer=http://127.0.0.1/
    discuz/forum.php?mod=forumdisplay&fid=2", ENDITEM,
    "Url=static/image/smiley/default/shutup.gif", "Referer=http://127.0.0.1/discuz/
    forum.php?mod=forumdisplay&fid=2", ENDITEM,
    "Url=static/image/smiley/default/curse.gif", "Referer=http://127.0.0.1/discuz/
    forum.php?mod=forumdisplay&fid=2", ENDITEM,
    "Url=static/image/smiley/default/sleepy.gif", "Referer=http://127.0.0.1/discuz/
    forum.php?mod=forumdisplay&fid=2", ENDITEM,
    "Url=static/image/smiley/default/hug.gif", "Referer=http://127.0.0.1/discuz/ forum.
    php?mod=forumdisplay&fid=2", ENDITEM,
    "Url=static/image/smiley/default/victory.gif", "Referer=http://127.0.0.1/discuz/
    forum.php?mod=forumdisplay&fid=2", ENDITEM,
    "Url=static/image/smiley/default/call.gif", "Referer=http://127.0.0.1/discuz/
    forum.php?mod=forumdisplay&fid=2", ENDITEM,
    "Url=static/image/smiley/default/kiss.gif", "Referer=http://127.0.0.1/discuz/
    forum.php?mod=forumdisplay&fid=2", ENDITEM,
    "Url=static/image/smiley/default/time.gif", "Referer=http://127.0.0.1/discuz/
    forum.php?mod=forumdisplay&fid=2", ENDITEM,
    "Url=static/image/common/pollsmall.gif", "Referer=http://127.0.0.1/discuz/ forum.
    php?mod=forumdisplay&fid=2", ENDITEM,
    "Url=static/image/smiley/default/handshake.gif", "Referer=http://127.0.0.1/
    discuz/forum.php?mod=forumdisplay&fid=2", ENDITEM,
    LAST);

web_url("sheep",
    "URL=http://127.0.0.1/discuz/forum.php?mod=viewthread&tid={tid}&extra=page%3D1",
    "TargetFrame=",
    "Resource=0",
    "RecContentType=text/html",
    "Referer=http://127.0.0.1/discuz/forum.php?mod=forumdisplay&fid=2",
    "Snapshot=t5.inf",
    "Mode=HTML",
    EXTRARES,
    "Url=uc_server/images/noavatar_middle.gif", "Referer=http://127.0.0.1/discuz/
    forum.php?mod=viewthread&tid=1872&extra=page%3D1", ENDITEM,
    "Url=static/image/common/edit.gif", "Referer=http://127.0.0.1/discuz/forum.php?
    mod=viewthread&tid=1872&extra=page%3D1", ENDITEM,
```

```
        "Url=static/image/common/pmto.gif", "Referer=http://127.0.0.1/discuz/forum.php?
        mod=viewthread&tid=1872&extra=page%3D1", ENDITEM,
        "Url=static/image/common/midavt_shadow.gif", "Referer=http://127.0.0.1/discuz/
        forum.php?mod=viewthread&tid=1872&extra=page%3D1", ENDITEM,
        "Url=static/image/common/flbg.gif", "Referer=http://127.0.0.1/discuz/forum. php?
        mod=viewthread&tid=1872&extra=page%3D1", ENDITEM,
        "Url=static/image/common/fastreply.gif", "Referer=http://127.0.0.1/discuz/forum.
        php?mod=viewthread&tid=1872&extra=page%3D1", ENDITEM,
        "Url=static/image/common/repquote.gif", "Referer=http://127.0.0.1/discuz/forum.
        php?mod=viewthread&tid=1872&extra=page%3D1", ENDITEM,
        "Url=static/image/common/oshr.png", "Referer=http://127.0.0.1/discuz/forum. php?
        mod=viewthread&tid=1872&extra=page%3D1", ENDITEM,
        "Url=static/image/common/rec_subtract.gif", "Referer=http://127.0.0.1/discuz/
        forum.php?mod=viewthread&tid=1872&extra=page%3D1", ENDITEM,
        "Url=static/image/common/rec_add.gif", "Referer=http://127.0.0.1/discuz/forum.php?
        mod=viewthread&tid=1872&extra=page%3D1", ENDITEM,
        LAST);

lr_think_time(14);

web_submit_data("forum.php_3",
        "Action=http://127.0.0.1/discuz/forum.php?mod=post&action=reply&fid=2&tid ={tid}&
        extra=%26page%3D1&replysubmit=yes&infloat=yes&handlekey=fastpost&inajax=1",
        "Method=POST",
        "TargetFrame=",
        "RecContentType=text/html",
        "Referer=http://127.0.0.1/discuz/forum.php?mod=viewthread&tid=1872&extra =page%
        3D1",
        "Snapshot=t6.inf",
        "Mode=HTML",
        ITEMDATA,
        "Name=message", "Value=love you", ENDITEM,
        "Name=formhash", "Value=1d6b658b", ENDITEM,
        "Name=subject", "Value=", ENDITEM,
        EXTRARES,
        "Url=static/image/common/loading.gif", "Referer=http://127.0.0.1/discuz/forum.php?
        mod=viewthread&tid=1872&extra=page%3D1", ENDITEM,
        LAST);

web_url("forum.php_4",
        "URL=http://127.0.0.1/discuz/forum.php?mod=viewthread&tid=1872&viewpid =1873&
        from=&inajax=1&ajaxtarget=post_new",
        "TargetFrame=",
        "Resource=0",
        "RecContentType=text/html",
        "Referer=http://127.0.0.1/discuz/",
        "Snapshot=t7.inf",
        "Mode=HTML",
        EXTRARES,
        "Url=static/image/common/popupcredit_bg.gif", "Referer=http://127.0.0.1/discuz/
```

```
        forum.php?mod=viewthread&tid=1872&extra=page%3D1", ENDITEM,
    LAST);

    return 0;
}
```

云云：脚本写完了，你试试再运行十几次看看。

恋恋：干嘛？我运行过是对的啊。

云云：你运行了就知道了，没你想的那么简单。

恋恋：那么我设置跑 20 次试试。

云云：试了就知道，我已经看到悲剧正上演。

恋恋：哼，看晚上我怎么收拾你，睡沙发去。

云云（装没听到）

恋恋：为什么脚本最后运行的时候又出关联错误了啊？

```
Action.c(88): Error -26377: No match found for the requested parameter "tid". Either the
specified boundaries were not found in the response or the matched text is longer than current
max html parameter size of 256 bytes. The total length of the response is 130540 bytes. You can
use web_set_max_html_param_len to increase the max parameter size.      [MsgId: MERR-26377]
Action.c(88): Notify: Saving Parameter "tid = ".
```

云云：很正常啊，业务啊？

恋恋：没道理啊，为什么前十几次都对的，这时候错了？

云云：没帖子是没回复的啦，自然就没匹配项了啊！

恋恋：有道理，那么怎么解决呢？

云云：改一下关联选项，让他找不到不要出错就行了，否则你事务都会失败的。

恋恋：我去看看，是这个选项吧，如图 3-11 所示。

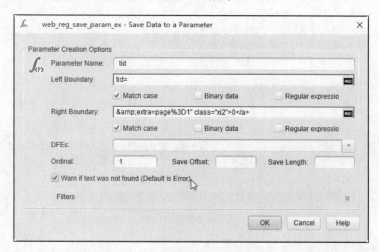

图 3-11

云云：对的，然后你再运行就没问题啦。

恋恋：突然我想到一个问题，那么如果勾选了不出错，那么我怎么知道哪些是成功的，哪些是失败的，因为事务要分这个啊。

云云：这个是个好问题，（眼神从电视机上移开）这里其实有个概念的问题就是你的这两种情况其实都是正确的，因为没帖子就不回有帖子就回对吧。

恋恋：说是这样说的，但是这个在事务上不对吧，应该是两个概念，一个是回帖是一个不回帖，不应该统计进去。

云云：对的，所以你要做个分支把业务分离一下，写个 IF 吧。

恋恋：嗯，我去试试，你安心看电视，我立即就要搞定了。

```
Action()
{
    web_url("forum.php",
        "URL=http://127.0.0.1/discuz/forum.php",
        "TargetFrame=",
        "Resource=0",
        "RecContentType=text/html",
        "Referer=",
        "Snapshot=t1.inf",
        "Mode=HTML",
        EXTRARES,
        "Url=static/image/common/background.png", ENDITEM,
        "Url=static/image/common/newarow.gif", ENDITEM,
        "Url=static/image/common/cls.gif", ENDITEM,
        "Url=static/image/common/px.png", ENDITEM,
        "Url=static/image/common/nv.png", ENDITEM,
        "Url=static/image/common/nv_a.png", ENDITEM,
        "Url=static/image/common/qmenu.png", ENDITEM,
        "Url=static/image/common/ratbg.gif", ENDITEM,
        "Url=static/image/common/search.gif", ENDITEM,
        "Url=static/image/common/chart.png", ENDITEM,
        "Url=static/image/common/titlebg.png", ENDITEM,
        LAST);

    lr_think_time(15);

    web_submit_data("member.php",
        "Action=http://127.0.0.1/discuz/member.php?mod=logging&action=login&loginsubmit
        =yes&infloat=yes&inajax=1",
        "Method=POST",
        "TargetFrame=",
        "RecContentType=text/html",
        "Referer=http://127.0.0.1/discuz/forum.php",
        "Snapshot=t2.inf",
        "Mode=HTML",
        ITEMDATA,
```

```
        "Name=fastloginfield", "Value=username", ENDITEM,
        "Name=username", "Value=admin", ENDITEM,
        "Name=password", "Value=123456", ENDITEM,
        "Name=quickforward", "Value=yes", ENDITEM,
        "Name=handlekey", "Value=ls", ENDITEM,
        "Name=questionid", "Value=0", ENDITEM,
        "Name=answer", "Value=", ENDITEM,
        LAST);


web_add_cookie("38We_2132_checkpm=1; DOMAIN=127.0.0.1");

web_url("forum.php_2",
    "URL=http://127.0.0.1/discuz/forum.php",
    "TargetFrame=",
    "Resource=0",
    "RecContentType=text/html",
    "Referer=http://127.0.0.1/discuz/forum.php",
    "Snapshot=t3.inf",
    "Mode=HTML",
    EXTRARES,
    "Url=uc_server/images/noavatar_small.gif", ENDITEM,
    "Url=static/image/common/user_online.gif", ENDITEM,
    "Url=static/image/common/arrwd.gif", ENDITEM,
    "Url=static/image/feed/doing.gif", ENDITEM,
    "Url=static/image/feed/favorite.gif", ENDITEM,
    "Url=static/image/feed/thread.gif", ENDITEM,
    "Url=static/image/feed/blog.gif", ENDITEM,
    "Url=static/image/feed/album.gif", ENDITEM,
    "Url=static/image/feed/share.gif", ENDITEM,
    LAST);


lr_think_time(4);

web_reg_save_param_ex(
    "ParamName=tid",
    "LB=tid=",
    "RB=&amp;extra=page%3D1\" class=\"xi2\">0</a>",
    "NotFound=warning",
    "Ordinal=1",
    SEARCH_FILTERS,
    LAST);

web_url("默认版块",
    "URL=http://127.0.0.1/discuz/forum.php?mod=forumdisplay&fid=2",
    "TargetFrame=",
    "Resource=0",
    "RecContentType=text/html",
    "Referer=http://127.0.0.1/discuz/forum.php",
    "Snapshot=t4.inf",
    "Mode=HTML",
```

```
EXTRARES,
"Url=data/cache/style_1_forum_moderator.css?z69", "Referer=http://127.0.0.1/
discuz/forum.php?mod=forumdisplay&fid=2", ENDITEM,
"Url=static/image/common/pt_item.png", "Referer=http://127.0.0.1/discuz/ forum.php?
mod=forumdisplay&fid=2", ENDITEM,
"Url=static/image/common/pt_icn.png", "Referer=http://127.0.0.1/discuz/ forum.php?
mod=forumdisplay&fid=2", ENDITEM,
"Url=static/image/common/recyclebin.gif", "Referer=http://127.0.0.1/discuz/ forum.
php?mod=forumdisplay&fid=2", ENDITEM,
"Url=static/image/common/fav.gif", "Referer=http://127.0.0.1/discuz/forum.php?
mod=forumdisplay&fid=2", ENDITEM,
"Url=static/image/common/mdly.png", "Referer=http://127.0.0.1/discuz/forum.php?
mod=forumdisplay&fid=2", ENDITEM,
"Url=static/image/common/feed.gif", "Referer=http://127.0.0.1/discuz/forum.php?
mod=forumdisplay&fid=2", ENDITEM,
"Url=static/image/common/arw_l.gif", "Referer=http://127.0.0.1/discuz/forum.php?
mod=forumdisplay&fid=2", ENDITEM,
"Url=static/image/common/arw_r.gif", "Referer=http://127.0.0.1/discuz/forum.php?
mod=forumdisplay&fid=2", ENDITEM,
"Url=static/image/smiley/default/smile.gif", "Referer=http://127.0.0.1/discuz/
forum.php?mod=forumdisplay&fid=2", ENDITEM,
"Url=static/image/common/atarget.png", "Referer=http://127.0.0.1/discuz/forum.php?
mod=forumdisplay&fid=2", ENDITEM,
"Url=static/image/smiley/default/sad.gif", "Referer=http://127.0.0.1/discuz/forum.
php?mod=forumdisplay&fid=2", ENDITEM,
"Url=static/image/editor/editor.gif", "Referer=http://127.0.0.1/discuz/forum.php?
mod=forumdisplay&fid=2", ENDITEM,
"Url=static/image/smiley/default/biggrin.gif", "Referer=http://127.0.0.1/discuz/
forum.php?mod=forumdisplay&fid=2", ENDITEM,
"Url=static/image/smiley/default/huffy.gif", "Referer=http://127.0.0.1/discuz/
forum.php?mod=forumdisplay&fid=2", ENDITEM,
"Url=static/image/smiley/default/shocked.gif", "Referer=http://127.0.0.1/discuz/
forum.php?mod=forumdisplay&fid=2", ENDITEM,
"Url=static/image/smiley/default/tongue.gif", "Referer=http://127.0.0.1/discuz/
forum.php?mod=forumdisplay&fid=2", ENDITEM,
"Url=static/image/smiley/default/cry.gif", "Referer=http://127.0.0.1/discuz/ forum.
php?mod=forumdisplay&fid=2", ENDITEM,
"Url=static/image/smiley/default/shy.gif", "Referer=http://127.0.0.1/discuz/ forum.
php?mod=forumdisplay&fid=2", ENDITEM,
"Url=static/image/smiley/default/titter.gif", "Referer=http://127.0.0.1/discuz/
forum.php?mod=forumdisplay&fid=2", ENDITEM,
"Url=static/image/smiley/default/sweat.gif", "Referer=http://127.0.0.1/discuz/
forum.php?mod=forumdisplay&fid=2", ENDITEM,
"Url=static/image/smiley/default/mad.gif", "Referer=http://127.0.0.1/discuz/
forum.php?mod=forumdisplay&fid=2", ENDITEM,
"Url=static/image/smiley/default/lol.gif", "Referer=http://127.0.0.1/discuz/
forum.php?mod=forumdisplay&fid=2", ENDITEM,
"Url=static/image/smiley/default/funk.gif", "Referer=http://127.0.0.1/discuz/
forum.php?mod=forumdisplay&fid=2", ENDITEM,
"Url=static/image/smiley/default/dizzy.gif", "Referer=http://127.0.0.1/discuz/
```

```
    forum.php?mod=forumdisplay&fid=2", ENDITEM,
    "Url=static/image/smiley/default/loveliness.gif", "Referer=http://127.0.0.1/
    discuz/forum.php?mod=forumdisplay&fid=2", ENDITEM,
    "Url=static/image/smiley/default/shutup.gif", "Referer=http://127.0.0.1/discuz/
    forum.php?mod=forumdisplay&fid=2", ENDITEM,
    "Url=static/image/smiley/default/curse.gif", "Referer=http://127.0.0.1/discuz/
    forum.php?mod=forumdisplay&fid=2", ENDITEM,
    "Url=static/image/smiley/default/sleepy.gif", "Referer=http://127.0.0.1/discuz/
    forum.php?mod=forumdisplay&fid=2", ENDITEM,
    "Url=static/image/smiley/default/hug.gif", "Referer=http://127.0.0.1/discuz/
    forum.php?mod=forumdisplay&fid=2", ENDITEM,
    "Url=static/image/smiley/default/victory.gif", "Referer=http://127.0.0.1/discuz/
    forum.php?mod=forumdisplay&fid=2", ENDITEM,
    "Url=static/image/smiley/default/call.gif", "Referer=http://127.0.0.1/discuz/
    forum.php?mod=forumdisplay&fid=2", ENDITEM,
    "Url=static/image/smiley/default/kiss.gif", "Referer=http://127.0.0.1/discuz/
    forum.php?mod=forumdisplay&fid=2", ENDITEM,
    "Url=static/image/smiley/default/time.gif", "Referer=http://127.0.0.1/discuz/
    forum.php?mod=forumdisplay&fid=2", ENDITEM,
    "Url=static/image/common/pollsmall.gif", "Referer=http://127.0.0.1/discuz/ forum.
    php?mod=forumdisplay&fid=2", ENDITEM,
    "Url=static/image/smiley/default/handshake.gif", "Referer=http://127.0.0.1/
    discuz/forum.php?mod=forumdisplay&fid=2", ENDITEM,
    LAST);

    if(strlen(lr_eval_string("{tid}"))>0)
{


web_url("sheep",
    "URL=http://127.0.0.1/discuz/forum.php?mod=viewthread&tid={tid}&extra=page%3D1",
    "TargetFrame=",
    "Resource=0",
    "RecContentType=text/html",
    "Referer=http://127.0.0.1/discuz/forum.php?mod=forumdisplay&fid=2",
    "Snapshot=t5.inf",
    "Mode=HTML",
    EXTRARES,
    "Url=uc_server/images/noavatar_middle.gif", "Referer=http://127.0.0.1/discuz/
    forum.php?mod=viewthread&tid=1872&extra=page%3D1", ENDITEM,
    "Url=static/image/common/edit.gif", "Referer=http://127.0.0.1/discuz/ forum.php?
    mod=viewthread&tid=1872&extra=page%3D1", ENDITEM,
    "Url=static/image/common/pmto.gif", "Referer=http://127.0.0.1/discuz/ forum.php?
    mod=viewthread&tid=1872&extra=page%3D1", ENDITEM,
    "Url=static/image/common/midavt_shadow.gif", "Referer=http://127.0.0.1/discuz/
    forum.php?mod=viewthread&tid=1872&extra=page%3D1", ENDITEM,
    "Url=static/image/common/flbg.gif", "Referer=http://127.0.0.1/discuz/ forum.php?
    mod=viewthread&tid=1872&extra=page%3D1", ENDITEM,
    "Url=static/image/common/fastreply.gif", "Referer=http://127.0.0.1/discuz/ forum.
    php?mod=viewthread&tid=1872&extra=page%3D1", ENDITEM,
```

```
        "Url=static/image/common/repquote.gif", "Referer=http://127.0.0.1/discuz/ forum.
        php?mod=viewthread&tid=1872&extra=page%3D1", ENDITEM,
        "Url=static/image/common/oshr.png", "Referer=http://127.0.0.1/discuz/ forum.php?
        mod=viewthread&tid=1872&extra=page%3D1", ENDITEM,
        "Url=static/image/common/rec_subtract.gif", "Referer=http://127.0.0.1/discuz/
        forum.php?mod=viewthread&tid=1872&extra=page%3D1", ENDITEM,
        "Url=static/image/common/rec_add.gif", "Referer=http://127.0.0.1/discuz/forum.
        php?mod=viewthread&tid=1872&extra=page%3D1", ENDITEM,
        LAST);


    lr_think_time(14);


    lr_start_transaction("replytopic");


    web_submit_data("forum.php_3",
        "Action=http://127.0.0.1/discuz/forum.php?mod=post&action=reply&fid=2&tid ={tid}
        &extra=%26page%3D1&replysubmit=yes&infloat=yes&handlekey=fastpost&inajax=1",
        "Method=POST",
        "TargetFrame=",
        "RecContentType=text/html",
        "Referer=http://127.0.0.1/discuz/forum.php?mod=viewthread&tid=1872&extra =page%
        3D1",
        "Snapshot=t6.inf",
        "Mode=HTML",
        ITEMDATA,
        "Name=message", "Value=love you", ENDITEM,
        "Name=formhash", "Value=1d6b658b", ENDITEM,
        "Name=subject", "Value=", ENDITEM,
        EXTRARES,
        "Url=static/image/common/loading.gif", "Referer=http://127.0.0.1/discuz/ forum.php?
        mod=viewthread&tid=1872&extra=page%3D1", ENDITEM,
        LAST);
    lr_end_transaction("replytopic", LR_AUTO);


    web_url("forum.php_4",
        "URL=http://127.0.0.1/discuz/forum.php?mod=viewthread&tid={tid}&viewpid =1873&
        from=&inajax=1&ajaxtarget=post_new",
        "TargetFrame=",
        "Resource=0",
        "RecContentType=text/html",
        "Referer=http://127.0.0.1/discuz/",
        "Snapshot=t7.inf",
        "Mode=HTML",
        EXTRARES,
        "Url=static/image/common/popupcredit_bg.gif", "Referer=http://127.0.0.1/discuz/
        forum.php?mod=viewthread&tid=1872&extra=page%3D1", ENDITEM,
        LAST);
    }
```

```
    return 0;
}
```

云云：写完了啊，我过会看看，如果你运行通畅就行了。

恋恋：我还没明白这东西写了有什么用，这次的性能测试怎么做呢？

云云：业务已经实现啦，那么就负载就可以了。

恋恋：这就是性能测试？

云云：性能测试就是模拟业务么，你现在不是已经模拟了一种业务了？当然你这个业务还有点问题，就是跑不了两下就没帖子给你回了。所以最好同步跑一个脚本给你发帖子，这样就比较符合业务了。

恋恋：有道理哦，那么今天就这样了？

云云：嗯，先这样吧，你可以总结一下前三天的内容。

了解关联的本质及深入应用，熟悉业务，能够实现复杂的业务逻辑。

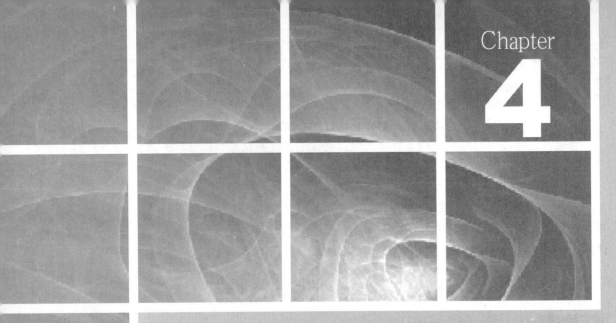

第四天

4.1 开始

云云：今天首先要讲的是事务状态。

恋恋：哦（一脸睡相）。

云云：注意上课秩序，认真听讲，先去做个登录的脚本！

恋恋：好的。

```
Action()
{

    web_url("forum.php",
        "URL=http://127.0.0.1/discuz/forum.php",
        "TargetFrame=",
        "Resource=0",
        "RecContentType=text/html",
        "Referer=",
        "Snapshot=t1.inf",
        "Mode=HTML",
        EXTRARES,
        "Url=static/image/common/background.png", ENDITEM,
        "Url=static/image/common/newarow.gif", ENDITEM,
        "Url=static/image/common/cls.gif", ENDITEM,
        "Url=static/image/common/px.png", ENDITEM,
        "Url=static/image/common/nv_a.png", ENDITEM,
        "Url=static/image/common/nv.png", ENDITEM,
        "Url=static/image/common/search.gif", ENDITEM,
        "Url=static/image/common/titlebg.png", ENDITEM,
        "Url=static/image/common/qmenu.png", ENDITEM,
        "Url=static/image/common/chart.png", ENDITEM,
        "Url=static/image/common/ratbg.gif", ENDITEM,
        LAST);

    web_submit_data("member.php",
        "Action=http://127.0.0.1/discuz/member.php?mod=logging&action=login&loginsubmit
        =yes&infloat=yes&inajax=1",
        "Method=POST",
        "TargetFrame=",
        "RecContentType=text/html",
        "Referer=http://127.0.0.1/discuz/forum.php",
        "Snapshot=t2.inf",
        "Mode=HTML",
        ITEMDATA,
        "Name=fastloginfield", "Value=username", ENDITEM,
        "Name=username", "Value=admin", ENDITEM,
        "Name=password", "Value=123456", ENDITEM,
        "Name=quickforward", "Value=yes", ENDITEM,
```

```
            "Name=handlekey", "Value=ls", ENDITEM,
            "Name=questionid", "Value=0", ENDITEM,
            "Name=answer", "Value=", ENDITEM,
            LAST);

    web_url("forum.php_2",
            "URL=http://127.0.0.1/discuz/forum.php",
            "TargetFrame=",
            "Resource=0",
            "RecContentType=text/html",
            "Referer=http://127.0.0.1/discuz/forum.php",
            "Snapshot=t3.inf",
            "Mode=HTML",
            EXTRARES,
            "Url=static/image/common/user_online.gif", ENDITEM,
            "Url=static/image/common/arrwd.gif", ENDITEM,
            "Url=static/image/common/vline.png", ENDITEM,
            "Url=static/image/common/op.png", ENDITEM,
            "Url=static/image/feed/doing.gif", ENDITEM,
            "Url=static/image/feed/blog.gif", ENDITEM,
            "Url=static/image/feed/album.gif", ENDITEM,
            "Url=static/image/feed/thread.gif", ENDITEM,
            "Url=static/image/feed/favorite.gif", ENDITEM,
            "Url=static/image/feed/share.gif", ENDITEM,
            "Url=static/image/common/popupcredit_bg.gif", ENDITEM,
            LAST);

    return 0;
}
```

云云：现在脚本写的很快啊，然后加个事务，看看登录花了多少时间。

恋恋：简单，Look This。

```
Action()
{
    web_url("forum.php",
            "URL=http://127.0.0.1/discuz/forum.php",
            "TargetFrame=",
            "Resource=0",
            "RecContentType=text/html",
            "Referer=",
            "Snapshot=t1.inf",
            "Mode=HTML",
            EXTRARES,
            "Url=static/image/common/background.png", ENDITEM,
            "Url=static/image/common/newarow.gif", ENDITEM,
            "Url=static/image/common/cls.gif", ENDITEM,
            "Url=static/image/common/px.png", ENDITEM,
            "Url=static/image/common/nv_a.png", ENDITEM,
            "Url=static/image/common/nv.png", ENDITEM,
```

```
    "Url=static/image/common/search.gif", ENDITEM,
    "Url=static/image/common/titlebg.png", ENDITEM,
    "Url=static/image/common/qmenu.png", ENDITEM,
    "Url=static/image/common/chart.png", ENDITEM,
    "Url=static/image/common/ratbg.gif", ENDITEM,
    LAST);

lr_start_transaction("login");

web_submit_data("member.php",
    "Action=http://127.0.0.1/discuz/member.php?mod=logging&action=login&loginsubmit=
    yes&infloat=yes&inajax=1",
    "Method=POST",
    "TargetFrame=",
    "RecContentType=text/html",
    "Referer=http://127.0.0.1/discuz/forum.php",
    "Snapshot=t2.inf",
    "Mode=HTML",
    ITEMDATA,
    "Name=fastloginfield", "Value=username", ENDITEM,
    "Name=username", "Value=admin", ENDITEM,
    "Name=password", "Value=123456", ENDITEM,
    "Name=quickforward", "Value=yes", ENDITEM,
    "Name=handlekey", "Value=ls", ENDITEM,
    "Name=questionid", "Value=0", ENDITEM,
    "Name=answer", "Value=", ENDITEM,
    LAST);

lr_end_transaction("login", LR_AUTO);

web_url("forum.php_2",
    "URL=http://127.0.0.1/discuz/forum.php",
    "TargetFrame=",
    "Resource=0",
    "RecContentType=text/html",
    "Referer=http://127.0.0.1/discuz/forum.php",
    "Snapshot=t3.inf",
    "Mode=HTML",
    EXTRARES,
    "Url=static/image/common/user_online.gif", ENDITEM,
    "Url=static/image/common/arrwd.gif", ENDITEM,
    "Url=static/image/common/vline.png", ENDITEM,
    "Url=static/image/common/op.png", ENDITEM,
    "Url=static/image/feed/doing.gif", ENDITEM,
    "Url=static/image/feed/blog.gif", ENDITEM,
    "Url=static/image/feed/album.gif", ENDITEM,
    "Url=static/image/feed/thread.gif", ENDITEM,
    "Url=static/image/feed/favorite.gif", ENDITEM,
    "Url=static/image/feed/share.gif", ENDITEM,
    "Url=static/image/common/popupcredit_bg.gif", ENDITEM,
```

```
        LAST);

    return 0;
}
```

云云：运行一下告诉我 Response Time 是多少。

恋恋：0.4050 秒！

```
Action.c(34): Notify: Transaction "login" started.
Action.c(37): web_submit_data("member.php") started      [MsgId: MMSG-26355]
Action.c(37): HTML parsing not performed for Content-Type "text/xml" ("ParseHtmlContentType"
Run-Time Setting is "TEXT"). URL="http://127.0.0.1/discuz/member.php?mod=logging&action
=login&loginsubmit=yes&infloat=yes&inajax=1"      [MsgId: MMSG-26548]
Action.c(37): web_submit_data("member.php") was successful, 371 body bytes, 1462 header
bytes [MsgId: MMSG-26386]
Action.c(55): Notify: Transaction "login" ended with a "Pass" status (Duration: 0.4050 Wasted
Time: 0.0454).
```

云云：接下来随便改一下密码再运行试试。

恋恋：改了不就不成功了吗？

云云：要的就是这个效果。

恋恋：这次是 0.2485 秒。

```
Action.c(34): Notify: Transaction "login" started.
Action.c(37): web_submit_data("member.php") started      [MsgId: MMSG-26355]
Action.c(37): HTML parsing not performed for Content-Type "text/xml" ("ParseHtmlContentType"
Run-Time Setting is "TEXT").
URL="http://127.0.0.1/discuz/member.php?mod=logging&action=login&loginsubmit=yes&infloat=yes
&inajax=1"      [MsgId: MMSG-26548]
Action.c(37): web_submit_data("member.php") was successful, 272 body bytes, 454 header bytes
[MsgId: MMSG-26386]
Action.c(55): Notify: Transaction "login" ended with a "Pass" status (Duration: 0.2485 Wasted
Time: 0.0187).
```

云云：发现什么问题了吗？

恋恋：没有！

云云：认真点！

恋恋：好像第二次比第一次快！

云云：为什么？

恋恋：不知道！

云云：额，今天怎么说话那么直来直去的啊。

恋恋：我真的不知道啊。

云云：也是，你没开发基础，所以有些东西想不明白后台的工作原理。

恋恋：所以要请教你啊。

云云：我想想该怎么解释，你去看 5DMark3 型号的单反。

恋恋：为什么要看，又买不起。

云云：那 D7100 呢？

恋恋：原来是 Nikon 的系列啊，不知道在日本买便宜否，日本的亚马逊网站都没这个货啊，你这是什么机器啊。对了你要带镜头的还是不带的啊，需要加个定焦广角？原配的好像是 18～140！

云云：看到差距没有，如果一个东西很贵你就直接拒绝了，后面所有的业务都不会有；如果通过了，你会有很多后面的业务返回。所以第一步通过与否带来了本质的业务流的不同，最终导致响应时间非常大。你拒绝买 5DMark3 的时间不超过 1 秒，而你在考虑 D7100 的时候大概花了 3 分钟。

恋恋：有道理啊。

云云：这是第一个导致响应时间变长的问题，其次还有个问题是在事务中结果都是 PASS。

恋恋：哦，我看看日志，还真的是哦，都是 PASS 的，那么岂不是这两个时间是混在一起的？

云云：对的这就会导致一个很严重的问题，最后你看响应时间都是错误的，因为无论登录正确与否都是 PASS，而这两个时间有差距，就会导致统计结果的错误，最终导致分析报告的错误。

恋恋：嗯，有道理。

云云：现在外面很多人学习性能测试都不重视基础，就急着学分析、调优，首先分析调优要有正确的数据来源，其次分析特别是调优需要相当广的基础，最终就是最简单的都不会做。

恋恋：这叫做什么？本末倒置？

云云：你这说的都是客气的了，从我的角度来说就是误导。

恋恋：每个人都那么聪明，你就得意不了？

云云：恨其不争。

恋恋：你看有我这样好的学生，那么崇拜你，你还不开心点。

云云：嗯，既然说到检查点，那么你必须要知道检查点的状态判断机制。

恋恋：嗯，为什么事务不管登录是否成功都会为 PASS 呢？

云云：事务一般有 PASS 和 FAIL 两种状态，这两种状态会导致最后数据出现 PASS Transaction 和 FAIL Transaction 两种结果，最终得到两根 Response Time、Transaction Per Second 数据线。

恋恋：你还是没回答为什么会都是 PASS 呢？

云云：嗯，你觉得电脑怎么知道什么算是 PASS 什么算是 FAIL？

恋恋：我就是因为不知道啊。

云云：对啊，你判断登录与否是通过界面上的元素来判断的，而电脑做不到，服务器返回了一堆东西，它不知道那个是对的那个是错的。好比你用百度搜索一个关键词，也许答案和你想的不同，但是确实返回了啊，它觉得你要的是这个。

恋恋：没有吧，我觉得百度搜索出来的内容都是我想要的啊。

云云：哎，在百度和谷歌图片里面搜索一个关键字"三点透视图"。

恋恋：这是什么东西，不会是黄色的东西吧。

云云：你搜索了就知道了。

恋恋：谷歌上不去怎么办？

云云：我电脑上有 VPN，自己拨号上去。你公司可以直接上 FaceBook，你去公司也可以。

恋恋：让我搜索一下看看差距，如图 4-1 所示。

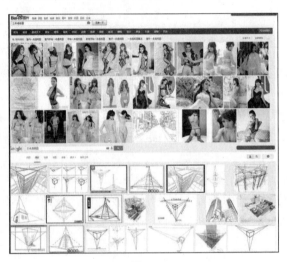

图 4-1

云云：知道差距了吧，虽然都是返回结果，都是 PASS 的事务，但是其实本质是不同的，因为仁者见仁，智者见智。

恋恋：完蛋了，我的世界观被毁了。你从哪里看到这么奇葩的东西啊？

云云：作为一个技术人员，特别是一个老师，要随时关注一切有趣的东西，并且转化为课程案例，否则学生怎么听得懂。

恋恋：那么在 LR 中怎么判断事务正确呢？

云云：LR 的判断方式很简单，返回的状态码是 $2\times\times$ 系列就是 PASS，否则是 $4\times\times$ 和 $5\times\times$ 系列就是 FAIL。

恋恋：什么是 $2\times\times$、$4\times\times$、$5\times\times$？

云云：这个基础知识以后再讲吧，反正就是服务器的一种返回状态啦。

恋恋：嗯。

4.2 检查点函数

恋恋：那么在知道了事务需要判断状态后，怎么帮助 LR 判断呢？

云云：这个时候就需要检查点函数了，这个函数可以帮我们实现逻辑判断，而不是物理判断。

恋恋：什么是逻辑判断？

云云：前面判断登录成功怎么判断的？

恋恋：我一般看到自己的 ID 出现了或者有登出链接了或是提示登录成功了。

云云：所以检查点函数就能做这个事情哦，可以检查返回有没有这些东西。

恋恋：问一个问题，用关联函数不就行了么？

云云：嗯，对的其实有时候还真的用关联函数，但是大多数时候检查点函数比关联函数简单，因为关联函数要返回内容，而检查点函数就可以返回真假或者是数量！

恋恋：听起来蛮有趣的，检查点函数是什么？

云云：这个函数其实和关联函数很像，叫做 web_reg_find，这个函数可以帮你检查返回的内容中是不是有你需要匹配的内容。去 LR 中加一下这个函数，记得和关联函数一样要放在请求前哦。

恋恋：那么就是登录请求前喽！

云云：对的！

恋恋：找到代码，选择 New Step，找到 web_reg_find 函数，如图 4-2 所示。

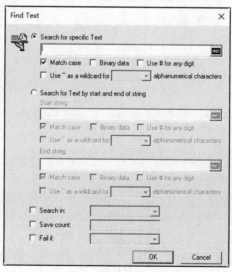

图 4-2

云云：首先你英文这么好不用解释了吧。

恋恋：这个你还是解释一下吧。

云云：第一行就是你要查找的内容，也就是你要匹配的内容。接着比较重要的是最后三个选项，首先是 Fail if，就是查找的结果会产生什么效果，一般我们不用。

恋恋：不用你说什么。

云云：这个解释顺便的么，一般我们用的都是 save count，也就是把匹配的个数存放到这个参数里面去。

恋恋：又是参数？这个和关联有什么区别？

云云：关联是保存匹配的内容，而检查点是保存匹配的内容条数，代价会小点。

恋恋：让我写一下看看效果，那么我 Search 什么呢？

云云：你猜猜看呢？

恋恋：先随便写个登录名 admin 试试吧，保存参数就叫做 loginst 吧，如图 4-3 所示。

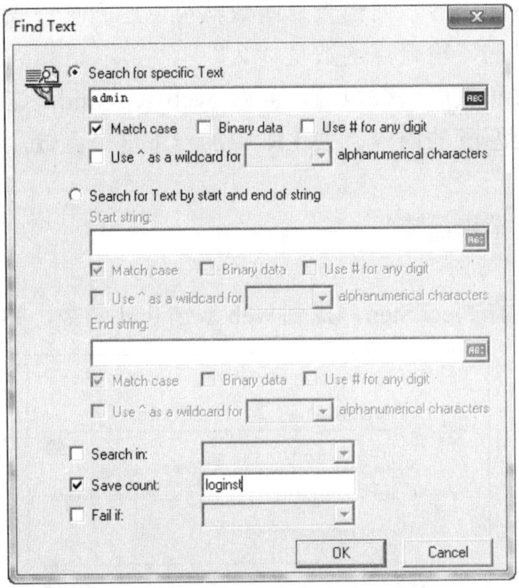

图 4-3

云云：运行一下看看结果，记得打开参数日志。

恋恋：这不是正要做么。

```
Action.c(40): Registered web_reg_find successful for "Text=admin"      [MsgId: MMSG-26362]
Action.c(40): Notify: Saving Parameter "loginst = 0".
```

恋恋：这个结果是不是说明没有包含 admin 返回啊。

云云：对的，所以你既然要判断，所以就要有个准确点的判断内容，这个时候又是业务了，你需要看看登录了服务器返回了什么。

恋恋：又是业务啊，好烦啊。

云云：哈哈，这就是高手和小白的区别，不是高手工具用的比小白好多少，而是在于如何理解被测的对象。

恋恋：看来又要用 HttpWatch 了。

```
<?xml version="1.0" encoding="utf-8"?>
<root><![CDATA[<scripttype="text/javascript" reload="1">if($('return_ls')) $('return_
ls').className='onerror';if(typeofsucceedhandle_ls=='function') {succeedhandle_ls('http://
127.0.0.1/discuzx1.5/forum.php', '欢迎你回来, admin。现在将转入登录前页面。', {'username':'admin',
'uid':'1','syn':'0'});}</script>]]></root>
```

恋恋：这是登录的请求返回，里面有 admin 吗，为什么检查点里面不对。

云云：你试试设置一下检查点的范围，这里又是一个 JavaScript 跳转。

恋恋：切，你也不清楚。

云云：这个本来就需要点调整么，不过我觉得没道理啊。

恋恋：我都试过了，还是不行哦。

云云：让我看一下，嗯？刚才还记得让你改过密码了么，你改了当然登录不成功啦，不成功当然没有 admin 返回啦。

恋恋：原来这样啊。

云云：快去改代码重新跑一次。

恋恋：我改了啊，为什么还是不对啊！

云云：没道理啊，你看看服务器现在到底返回了什么。

恋恋：在哪里看？

云云：去看 LR 的 Test Result 啊。

恋恋：哦，在哪里来着？

云云：Replay 菜单下面！

恋恋：额，这个结果，如图 4-3 所示。

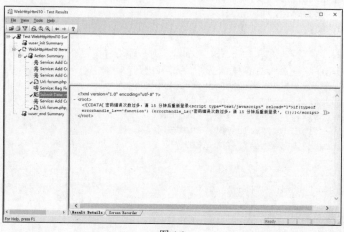

图 4-3

云云：你这逗我玩呢，又卡在业务上了吧。

恋恋：真是业务无处不在啊，那么我们休息一下吧。

4.3　手工事务

云云：前面说到通过检查点函数可以获得匹配的内容次数，接着就可以通过分支的方式来实现手工事务了？

恋恋：手工事务？

云云：默认的事务是用 LR_AUTO 来做自动判断的，叫做自动事务，而通过逻辑检查点判断的，才能叫做手工事务。

恋恋：就是通过逻辑检查然后去调整事务状态喽？

云云：正确，写法很简单写个 IF 就行了，然后分支走 LR_PASS 和 LR_FAIL。

恋恋：听起来很简单，但是不会写。

云云：我给你写个例子：

```
lr_start_transaction("login");

    web_reg_find("SaveCount=loginst",
        "Text=admin",
        LAST);

    web_submit_data("member.php",
        "Action=http://127.0.0.1/discuz/member.php?mod=logging&action=login&loginsubmit
        =yes&infloat=yes&inajax=1",
        "Method=POST",
        "TargetFrame=",
        "RecContentType=text/html",
        "Referer=http://127.0.0.1/discuz/forum.php",
        "Snapshot=t2.inf",
        "Mode=HTML",
        ITEMDATA,
        "Name=fastloginfield", "Value=username", ENDITEM,
        "Name=username", "Value=admin", ENDITEM,
        "Name=password", "Value=12342356", ENDITEM,
        "Name=quickforward", "Value=yes", ENDITEM,
        "Name=handlekey", "Value=ls", ENDITEM,
        "Name=questionid", "Value=0", ENDITEM,
        "Name=answer", "Value=", ENDITEM,
        LAST);

    if(atoi(lr_eval_string("{loginst}"))>0)
    {
        lr_end_transaction("login", LR_PASS);
    }
```

```
    else
    {
        lr_end_transaction("login", LR_FAIL);
    }
```

恋恋：大概能看懂，atoi 是干嘛的？

云云：首先你参数不能和数字比对吧。

恋恋：对的，不是一个数据类型，而且参数是 LR 的，数字是 C 的一个值。

云云：LR 首先要把参数变成 C 的字符串对吧。

恋恋：为什么不能直接变数字呢？

云云：因为 LR 没这个函数，lr_eval_string 只能取得字符串。

恋恋：C 语言不能把字符串和数字比？

云云：对的，所以要用 atoi 把字符串转整数。

恋恋：那么我懂了 atoi 出来的就可以用 ">" 大于号比较了，出现了就是事务 PASS，否则就是事务 FAIL。

云云：对，真聪明。

恋恋：那么我还有个问题，前面不是说可以用关联来做么？那么关联怎么做手工事务呢？

云云：哎哟，这个问题问的很专业哦，我来举个例子吧。还是登录，这下我来关联一下登录成功的用户名。

```
    lr_start_transaction("login");


    web_reg_save_param_ex(
        "ParamName=loginname",
        "LB={'username':'",
        "RB=','uid':",
        "Ordinal=1",
        SEARCH_FILTERS,
        LAST);



web_submit_data("member.php",
        "Action=http://127.0.0.1/discuz/member.php?mod=logging&action=login&loginsubmit
        =yes&infloat=yes&inajax=1",
        "Method=POST",
        "TargetFrame=",
        "RecContentType=text/html",
        "Referer=http://127.0.0.1/discuz/forum.php",
        "Snapshot=t2.inf",
        "Mode=HTML",
        ITEMDATA,
        "Name=fastloginfield", "Value=username", ENDITEM,
        "Name=username", "Value=admin", ENDITEM,
```

```
        "Name=password", "Value=12342356", ENDITEM,
        "Name=quickforward", "Value=yes", ENDITEM,
        "Name=handlekey", "Value=ls", ENDITEM,
        "Name=questionid", "Value=0", ENDITEM,
        "Name=answer", "Value=", ENDITEM,
        LAST);

    if(strcmp(lr_eval_string("{loginname}"),"admin")==0)

        lr_end_transaction("login", LR_PASS);
    else
        lr_end_transaction("login", LR_FAIL);
```

恋恋：有两个问题。为什么你关联的边界是这个，我记得服务器返回的内容是：

```
<?xml version="1.0" encoding="utf-8"?>
<root><![CDATA[<script type="text/javascript" reload="1">if($('return_ls')) $('return_
ls').className='onerror';if(typeofsucceedhandle_ls=='function') {succeedhandle_ls('http://
127.0.0.1/discuzx1.5/forum.php', '欢迎你回来, admin。现在将转入登录前页面。', {'username':'admin',
'uid':'1','syn':'0'});}</script>]]></root>
```

云云：嗯，这里可以用的关联边界有两个，我选择了后者。

恋恋：为什么呢？

云云：尽量不要用中文，英文比较可靠，中文还要编码问题。

恋恋：也就是第一个也可以。

云云：这里用第一个问题也不大啦，经验而已。

恋恋：好吧，我还以为里面有什么秘密呢，那么第二个问题，strcmp 这里为什么写法不同了。

云云：因为这里的参数内容不是数字了啊，是字符串了，字符串比较的 strcmp 就是这个语法，相同返回 0，不同返回 1。

恋恋：哈哈，懂了，好简单。

云云：很多人这个搞不懂呢，因为基础不行。

恋恋：你经常说基础，你觉得我基础怎么样。

云云：其实给你上这个课到现在涉及基础的很少，我都跳过了，后面的就要开始讲基础了。

4.4 集合点

恋恋：根据我的经验，好像脚本没什么好讲了么。

云云：你怎么知道的？

恋恋：我听说过，一般就是说什么参数化、关联、事务。

云云：其实这些只是所谓的一些工具知识点，离真的脚本开发还有很多距离。

恋恋：不懂，这还不算脚本开发？

云云：嗯，好比面向对象吧！本质上现在我只讲了基本的类、方法、属性、继承，但是还有很多细节的技术和设计模式没讲。

恋恋：听起来好复杂。

云云：你有没有发现我有很多选项没讲！

恋恋：对的，我还想问呢。

云云：这些选项都是有用的，不过只是你通常是不太需要用的，所以我就挑最常用的给你讲的，我给你讲的好比是武林秘籍的索引和要点，更多的内容还要看那本送给你的书。脚本开发除了一个结合点的策略以外，基本的就告一段落了。

恋恋：集合点是什么？

云云：其实集合点用的并不多，大多数情况不需要使用集合点做可控并发。

恋恋：可控并发？也就是还有非可控并发一说。

云云：对，你不明白吗？

恋恋：我不明白啊。

云云：好比挤地铁吧，在上海你上班要坐4号线换2号线去张江吧。

恋恋：嗯，不过像我这种10点去公司的，不会体验那种被挤的情况。

云云：真是幸福啊。

恋恋：说重点，是关于可控并发和非可控并发的区别吗？

云云：地铁上很挤对吧。

恋恋：这个和并发有什么关系。

云云：你挤上了4号线以后，然后开到世纪大道站，下来的时候是不是一个并发点？

恋恋：是的啊，好多人都要下来换车，一部分是4号线换2号线去张江的，还有一部分是别的线路，上4号线去浦电路陆家嘴软件园的。

云云：那么也就是说当有很多用户做一个业务的时候，其实本质上就是有并发的，但是你并不知道同时有多少并发，对吧。

恋恋：不见得啊，每个车门就那么大，应该并发是可控的吧？

云云：虽然所谓的出口（吞吐量）是有限的，但是，其实也不代表每个出口都是完全满的，就像你上班时间不同，是不是换成的人就不同。

恋恋：对的，这个确实不是可控并发，然后呢。

云云：接着就会出现一个问题，由于换乘过程中有很长的通道，有的人快，有的人慢，就会导致并不是所有从4号线下来换2号线的人能同时上2号线。

恋恋：嗯，有几次我就是前面的人堵着，害的我看着2号线开走。

云云：所以当一个性能测试场景在运行的时候，虽然我们模拟了几百个虚拟用户同时开始运行脚本，但是其实随着脚本的运行，每个虚拟用户执行到的脚本位置并不完全相同，这个是受到很多因素影响的，最终导致并不是你模拟了多少虚拟用户，就有多少用户产生了同一接口的负载。

恋恋：听起来有点别扭，不过我的理解就是做不到固定用户数同时上 4 号线，下 4 号线，换乘 2 号线，下 2 号线。

云云：差不多是这个意思吧，但是这里面确实有并发，所以称之为非可控并发。

恋恋：那么可控并发是什么呢？

云云：很简单啊，就是不等到你不出发啊，你坐飞机来看我，我就等你到了才出发啊。

恋恋：是不是就和奥运会跑步一样，大家站在一个起点，枪响一起跑。

云云：对，这就是严格的可控并发，可以保证出发是同时的，但是不能保证结束是同时的。然后通过多个集合点函数来实现可控并发。

恋恋：那么就是跑完后，再集合在一起再跑第二段？

云云：完全正确就是这个意思，所以从我的角度集合点对你用处不大。

恋恋：那么第一怎么用，第二什么时候需要用呢？

云云：少数有明确并发需求的时候需要用集合点。其次其实就是个函数，加在你的请求前就可以了。

恋恋：集合点函数是什么呢？

云云：这个函数不太好念，用起来很简单，菜单"Design"下"的 Insert in Script"下选择"Rendezvous"，会在代码光标处直接出现对应的函数，手动添加集合点名称就可以了。

恋恋：生成的代码就是这个 lr_rendezvous("")。

云云：对，就行了，这个在你要可控并发的前面加就行了。然后你下一个请求就会可控并发。

恋恋：这样就行了吗？

云云：其实不能完全这样说，因为在场景中有一个集合点策略，在哪里还可以更细节的配置，不过从现在你的角度来说，就用默认值就行了，因为大多数情况是够用的。

4.5　第四个性能测试案例

云云：既然知道了集合点的用处，这次就比较一下发帖时使用集合点和不使用集合点，以及使用不同的集合点策略所产生的效果。

恋恋：嗯，听起来不难，让我来试试。

脚本开发

```
Action()
{

    web_add_cookie("38We_2132_lastvisit=1462757775; DOMAIN=127.0.0.1");

    web_add_cookie("38We_2132_sid=1E3SYv; DOMAIN=127.0.0.1");

    web_add_cookie("38We_2132_lastact=1462762517%09home.php%09misc; DOMAIN=127.0.0.1");
```

```
web_url("forum.php",
    "URL=http://127.0.0.1/discuz/forum.php",
    "TargetFrame=",
    "Resource=0",
    "RecContentType=text/html",
    "Referer=",
    "Snapshot=t1.inf",
    "Mode=HTML",
    EXTRARES,
    "Url=static/image/common/background.png", ENDITEM,
    "Url=static/image/common/newarow.gif", ENDITEM,
    "Url=static/image/common/cls.gif", ENDITEM,
    "Url=static/image/common/search.gif", ENDITEM,
    "Url=static/image/common/px.png", ENDITEM,
    "Url=static/image/common/nv.png", ENDITEM,
    "Url=static/image/common/vline.png", ENDITEM,
    "Url=static/image/common/nv_a.png", ENDITEM,
    "Url=static/image/common/titlebg.png", ENDITEM,
    "Url=static/image/common/chart.png", ENDITEM,
    "Url=static/image/common/qmenu.png", ENDITEM,
    "Url=static/image/common/ratbg.gif", ENDITEM,
    LAST);

lr_think_time(13);

web_submit_data("member.php",
    "Action=http://127.0.0.1/discuz/member.php?mod=logging&action=login&loginsubmit=
    yes&infloat=yes&inajax=1",
    "Method=POST",
    "TargetFrame=",
    "RecContentType=text/html",
    "Referer=http://127.0.0.1/discuz/forum.php",
    "Snapshot=t2.inf",
    "Mode=HTML",
    ITEMDATA,
    "Name=fastloginfield", "Value=username", ENDITEM,
    "Name=username", "Value=admin", ENDITEM,
    "Name=password", "Value=123456", ENDITEM,
    "Name=quickforward", "Value=yes", ENDITEM,
    "Name=handlekey", "Value=ls", ENDITEM,
    "Name=questionid", "Value=0", ENDITEM,
    "Name=answer", "Value=", ENDITEM,
    LAST);

web_url("forum.php_2",
    "URL=http://127.0.0.1/discuz/forum.php",
    "TargetFrame=",
    "Resource=0",
    "RecContentType=text/html",
```

```
        "Referer=http://127.0.0.1/discuz/forum.php",
        "Snapshot=t3.inf",
        "Mode=HTML",
        EXTRARES,
        "Url=uc_server/images/noavatar_small.gif", ENDITEM,
        "Url=static/image/common/user_online.gif", ENDITEM,
        "Url=static/image/common/arrwd.gif", ENDITEM,
        "Url=static/image/common/op.png", ENDITEM,
        "Url=static/image/feed/thread.gif", ENDITEM,
        "Url=static/image/feed/album.gif", ENDITEM,
        "Url=static/image/feed/blog.gif", ENDITEM,
        "Url=static/image/feed/doing.gif", ENDITEM,
        "Url=static/image/feed/favorite.gif", ENDITEM,
        "Url=static/image/feed/share.gif", ENDITEM,
        LAST);

web_add_cookie("38We_2132_lastact=1462763417%09forum.php%09forumdisplay; DOMAIN=127.
0.0.1");

web_add_cookie("38We_2132_checkpm=1; DOMAIN=127.0.0.1");

web_add_cookie("38We_2132_smile=1D1; DOMAIN=127.0.0.1");

lr_think_time(51);

web_url("默认版块",
        "URL=http://127.0.0.1/discuz/forum.php?mod=forumdisplay&fid=2",
        "TargetFrame=",
        "Resource=0",
        "RecContentType=text/html",
        "Referer=http://127.0.0.1/discuz/forum.php",
        "Snapshot=t4.inf",
        "Mode=HTML",
        EXTRARES,
        "Url=data/cache/style_1_forum_moderator.css?z69", "Referer=http://127.0.0.1/
        discuz/forum.php?mod=forumdisplay&fid=2", ENDITEM,
        "Url=static/image/common/pt_item.png", "Referer=http://127.0.0.1/ discuz/forum.
        php?mod=forumdisplay&fid=2", ENDITEM,
        "Url=static/image/common/mdly.png", "Referer=http://127.0.0.1/ discuz/forum.
        php?mod=forumdisplay&fid=2", ENDITEM,
        "Url=static/image/common/pt_icn.png", "Referer=http://127.0.0.1/ discuz/forum.
        php?mod=forumdisplay&fid=2", ENDITEM,
        "Url=static/image/common/fav.gif", "Referer=http://127.0.0.1/ discuz/forum.
        php?mod=forumdisplay&fid=2", ENDITEM,
        "Url=static/image/common/feed.gif", "Referer=http://127.0.0.1/ discuz/forum.
        php?mod=forumdisplay&fid=2", ENDITEM,
        "Url=static/image/common/recyclebin.gif", "Referer=http://127.0.0.1/ discuz/forum.
        php?mod=forumdisplay&fid=2", ENDITEM,
        "Url=static/image/common/arw_l.gif", "Referer=http://127.0.0.1/ discuz/forum.
        php?mod=forumdisplay&fid=2", ENDITEM,
```

```
"Url=static/image/common/atarget.png", "Referer=http://127.0.0.1/ discuz/forum.php?
mod=forumdisplay&fid=2", ENDITEM,
"Url=static/image/common/arw_r.gif", "Referer=http://127.0.0.1/ discuz/forum.php?
mod=forumdisplay&fid=2", ENDITEM,
"Url=static/image/editor/editor.gif", "Referer=http://127.0.0.1/ discuz/forum.php?
mod=forumdisplay&fid=2", ENDITEM,
"Url=static/image/smiley/default/sad.gif", "Referer=http://127.0.0.1/discuz/forum.
php?mod=forumdisplay&fid=2", ENDITEM,
"Url=static/image/smiley/default/biggrin.gif", "Referer=http://127.0.0.1/discuz/
forum.php?mod=forumdisplay&fid=2", ENDITEM,
"Url=static/image/smiley/default/cry.gif", "Referer=http://127.0.0.1/discuz/
forum.php?mod=forumdisplay&fid=2", ENDITEM,
"Url=static/image/smiley/default/smile.gif", "Referer=http://127.0.0.1/discuz/
forum.php?mod=forumdisplay&fid=2", ENDITEM,
"Url=static/image/smiley/default/huffy.gif", "Referer=http://127.0.0.1/discuz/
forum.php?mod=forumdisplay&fid=2", ENDITEM,
"Url=static/image/smiley/default/tongue.gif", "Referer=http://127.0.0.1/discuz/
forum.php?mod=forumdisplay&fid=2", ENDITEM,
"Url=static/image/smiley/default/shocked.gif", "Referer=http://127.0.0.1/discuz/
forum.php?mod=forumdisplay&fid=2", ENDITEM,
"Url=static/image/smiley/default/shy.gif", "Referer=http://127.0.0.1/discuz/
forum.php?mod=forumdisplay&fid=2", ENDITEM,
"Url=static/image/smiley/default/titter.gif", "Referer=http://127.0.0.1/discuz/
forum.php?mod=forumdisplay&fid=2", ENDITEM,
"Url=static/image/smiley/default/funk.gif", "Referer=http://127.0.0.1/discuz/
forum.php?mod=forumdisplay&fid=2", ENDITEM,
"Url=static/image/smiley/default/sweat.gif", "Referer=http://127.0.0.1/discuz/
forum.php?mod=forumdisplay&fid=2", ENDITEM,
"Url=static/image/smiley/default/loveliness.gif", "Referer=http://127.0.0.1/
discuz/forum.php?mod=forumdisplay&fid=2", ENDITEM,
"Url=static/image/smiley/default/mad.gif", "Referer=http://127.0.0.1/discuz/
forum.php?mod=forumdisplay&fid=2", ENDITEM,
"Url=static/image/smiley/default/lol.gif", "Referer=http://127.0.0.1/discuz/
forum.php?mod=forumdisplay&fid=2", ENDITEM,
"Url=static/image/smiley/default/dizzy.gif", "Referer=http://127.0.0.1/discuz/
forum.php?mod=forumdisplay&fid=2", ENDITEM,
"Url=static/image/smiley/default/curse.gif", "Referer=http://127.0.0.1/discuz/
forum.php?mod=forumdisplay&fid=2", ENDITEM,
"Url=static/image/smiley/default/shutup.gif", "Referer=http://127.0.0.1/discuz/
forum.php?mod=forumdisplay&fid=2", ENDITEM,
"Url=static/image/smiley/default/victory.gif", "Referer=http://127.0.0.1/discuz/
forum.php?mod=forumdisplay&fid=2", ENDITEM,
"Url=static/image/smiley/default/hug.gif", "Referer=http://127.0.0.1/discuz/
forum.php?mod=forumdisplay&fid=2", ENDITEM,
"Url=static/image/smiley/default/sleepy.gif", "Referer=http://127.0.0.1/discuz/
forum.php?mod=forumdisplay&fid=2", ENDITEM,
"Url=static/image/smiley/default/kiss.gif", "Referer=http://127.0.0.1/discuz/
forum.php?mod=forumdisplay&fid=2", ENDITEM,
"Url=static/image/smiley/default/handshake.gif", "Referer=http://127.0.0.1/
discuz/forum.php?mod=forumdisplay&fid=2", ENDITEM,
```

```
        "Url=static/image/smiley/default/time.gif", "Referer=http://127.0.0.1/discuz/
    forum.php?mod=forumdisplay&fid=2", ENDITEM,
        "Url=static/image/smiley/default/call.gif", "Referer=http://127.0.0.1/discuz/
    forum.php?mod=forumdisplay&fid=2", ENDITEM,
        "Url=static/image/common/pollsmall.gif", "Referer=http://127.0.0.1/discuz/forum.
    php?mod=forumdisplay&fid=2", ENDITEM, LAST);

web_add_cookie("38We_2132_editormode_e=1; DOMAIN=127.0.0.1");

web_url("forum.php_3",
    "URL=http://127.0.0.1/discuz/forum.php?mod=post&action=newthread&fid=2&referrer
    =http%3A//127.0.0.1/discuz/forum.php%3Fmod%3Dforumdisplay%26fid%3D2",
    "TargetFrame=",
    "Resource=0",
    "RecContentType=text/html",
    "Referer=http://127.0.0.1/discuz/forum.php?mod=forumdisplay&fid=2",
    "Snapshot=t5.inf",
    "Mode=HTML",
    EXTRARES,
    "Url=static/image/common/card_btn.png", "Referer=http://127.0.0.1/discuz/forum.
    php?mod=post&action=newthread&fid=2&referer=http%3A//127.0.0.1/discuz/forum.php%
    3Fmod%3Dforumdisplay%26fid%3D2", ENDITEM,
    "Url=static/image/common/upload.swf?site=/discuz/misc.php%3fmod=swfupload% 26type=
    image%26fid=2&type=image&random=48P8", "Referer=http://127.0.0.1/discuz/forum.
    php?mod =post&action=newthread&fid=2&referer=http%3A//127.0.0.1/discuz/forum.php%
    3Fmod%3Dforumdisplay%26fid%3D2", ENDITEM,
    "Url=static/image/common/upload.swf?site=/discuz/misc.php%3fmod=swfupload%26fid
    =2&random=EV52", "Referer=http://127.0.0.1/discuz/forum.php?mod=post&action=
    newthread&fid= 2&referer=http%3A//127.0.0.1/discuz/forum.php%3Fmod%3Dforumdisplay%
    26fid%3D2", ENDITEM,
    "Url=static/image/common/notice.gif", "Referer=http://127.0.0.1/discuz/forum.
    php?mod=post&action=newthread&fid=2&referer=http%3A//127.0.0.1/discuz/forum.php%
    3Fmod%3Dforumdisplay%26fid%3D2", ENDITEM,
    "Url=data/cache/style_1_wysiwyg.css?z69", "Referer=http://127.0.0.1/discuz/ forum.
    php?mod=post&action=newthread&fid=2&referer=http%3A//127.0.0.1/discuz/forum.php%
    3Fmod%3Dforumdisplay%26fid%3D2", ENDITEM, LAST);

lr_rendezvous("posttoic");

lr_start_transaction("posttopic");

web_submit_data("forum.php_4",
    "Action=http://127.0.0.1/discuz/forum.php?mod=post&action=newthread&fid=2&extra
    =&topicsubmit=yes",
    "Method=POST",
    "TargetFrame=",
    "RecContentType=text/html",
    "Referer=http://127.0.0.1/discuz/forum.php?mod=post&action=newthread&fid
    =2&referer=http%3A//127.0.0.1/discuz/forum.php%3Fmod%3Dforumdisplay%26fid%3D2",
```

```
            "Snapshot=t6.inf",
            "Mode=HTML",
            ITEMDATA,
            "Name=formhash", "Value=1d6b658b", ENDITEM,
            "Name=posttime", "Value=1462763421", ENDITEM,
            "Name=wysiwyg", "Value=1", ENDITEM,
            "Name=subject", "Value=集合发帖了", ENDITEM,
            "Name=message", "Value=羊羊们准备跑", ENDITEM,
            "Name=save", "Value=", ENDITEM,
            "Name=uploadalbum", "Value=", ENDITEM,
            "Name=newalbum", "Value=", ENDITEM,
            "Name=readperm", "Value=", ENDITEM,
            "Name=price", "Value=", ENDITEM,
            "Name=usesig", "Value=1", ENDITEM,
            "Name=allownoticeauthor", "Value=1", ENDITEM,
            EXTRARES,
            "Url=static/image/common/pmto.gif", "Referer=http://127.0.0.1/discuz/forum.
            php?mod=viewthread&tid=1873&extra=", ENDITEM,
            "Url=static/image/common/midavt_shadow.gif", "Referer=http://127.0.0.1/discuz/
            forum.php?mod=viewthread&tid=1873&extra=", ENDITEM,
            "Url=static/image/common/flbg.gif", "Referer=http://127.0.0.1/discuz/ forum.php?
            mod=viewthread&tid=1873&extra=", ENDITEM,
            "Url=static/image/common/rec_subtract.gif", "Referer=http://127.0.0.1/discuz/
            forum.php?mod=viewthread&tid=1873&extra=", ENDITEM,
            "Url=static/image/common/rec_add.gif", "Referer=http://127.0.0.1/discuz/forum.
            php?mod=viewthread&tid=1873&extra=", ENDITEM,
            "Url=static/image/common/fastreply.gif", "Referer=http://127.0.0.1/discuz/forum.
            php?mod=viewthread&tid=1873&extra=", ENDITEM,
            "Url=static/image/common/oshr.png", "Referer=http://127.0.0.1/discuz/forum.
            php?mod=viewthread&tid=1873&extra=", ENDITEM,
            "Url=static/image/common/repquote.gif", "Referer=http://127.0.0.1/discuz/forum.
            php?mod=viewthread&tid=1873&extra=", ENDITEM,
            "Url=static/image/common/edit.gif", "Referer=http://127.0.0.1/discuz/forum.
            php?mod=viewthread&tid=1873&extra=", ENDITEM,
            "Url=static/image/common/popupcredit_bg.gif", "Referer=http://127.0.0.1/discuz/
            forum.php?mod=viewthread&tid=1873&extra=", ENDITEM, LAST);
    lr_end_transaction("posttopic", LR_AUTO);

    return 0;
}
```

恋恋：这个脚本里面做了集合点和事务，手工检查我没有加。

云云：为什么不加。

恋恋：我不知道加什么。

云云：就是你懒吧。

恋恋：知道别说出来么。不过我也看了一下好像发帖没有服务器应答正文啊。

云云：好像真的是这样，开发是不是也太懒了，连个返回状态都没有。

恋恋：是不是每个请求都应该有个应答啊？

云云：在现在的技术上确实应该这样做，因为这样前台的页面才能根据返回的状态来给出对应的界面体现，否则就是一个空白页，谁知道到底问题是什么？

恋恋：就是，我们公司那个系统就是这样，出错了就给个空白，好歹说下问题是什么啊，这样让测试怎么定位。

云云：那么就用 header 中的 location 来做检查点，我在 HttpWatch 中看了一下它会做重定位，如图 4-4 所示。

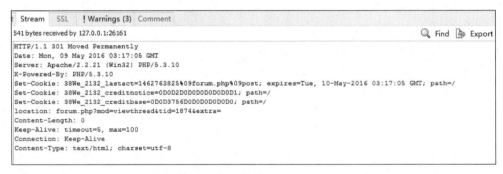

```
  Stream   SSL   ! Warnings (3)  Comment
 541 bytes received by 127.0.0.1:26161                                    🔍 Find  📄 Export
 HTTP/1.1 301 Moved Permanently
 Date: Mon, 09 May 2016 03:17:05 GMT
 Server: Apache/2.2.21 (Win32) PHP/5.3.10
 X-Powered-By: PHP/5.3.10
 Set-Cookie: 38We_2132_lastact=1462763825%09forum.php%09post; expires=Tue, 10-May-2016 03:17:05 GMT; path=/
 Set-Cookie: 38We_2132_creditnotice=0D0D2D0D0D0D0D0D0D1; path=/
 Set-Cookie: 38We_2132_creditbase=0D0D3756D0D0D0D0D0D0; path=/
 location: forum.php?mod=viewthread&tid=1874&extra=
 Content-Length: 0
 Keep-Alive: timeout=5, max=100
 Connection: Keep-Alive
 Content-Type: text/html; charset=utf-8
```

图 4-4

恋恋：可以吗？好像检查点里面有个配置可以拿 Header，不过这里 tid 好像是新贴的编号吧，这个怎么做检查？

云云：你要简单点就写左右边界，复杂点就用关联看返回的 tid 是不是一个整数大于 0。

恋恋：那么我还是用左右边界吧，更新下代码：

```
    lr_rendezvous("posttoic");

    lr_start_transaction("posttopic");

    web_reg_find("Search=Headers",
        "SaveCount=postst",
        "TextPfx=forum.php?mod=viewthread&tid",
        "TextSfx=&extra=",
        LAST);

    web_submit_data("forum.php_4",
        "Action=http://127.0.0.1/discuz/forum.php?mod=post&action=newthread&fid =2&extra=
        &topicsubmit=yes",
        "Method=POST",
        "TargetFrame=",
        "RecContentType=text/html",
        "Referer=http://127.0.0.1/discuz/forum.php?mod=post&action=newthread&fid =2&referer
        =http%3A//127.0.0.1/discuz/forum.php%3Fmod%3Dforumdisplay%26fid%3D2",
        "Snapshot=t6.inf",
```

```
            "Mode=HTML",
            ITEMDATA,
            "Name=formhash", "Value=1d6b658b", ENDITEM,
            "Name=posttime", "Value=1462763421", ENDITEM,
            "Name=wysiwyg", "Value=1", ENDITEM,
            "Name=subject", "Value=集合发帖了", ENDITEM,
            "Name=message", "Value=羊羊们准备跑", ENDITEM,
            "Name=save", "Value=", ENDITEM,
            "Name=uploadalbum", "Value=", ENDITEM,
            "Name=newalbum", "Value=", ENDITEM,
            "Name=readperm", "Value=", ENDITEM,
            "Name=price", "Value=", ENDITEM,
            "Name=usesig", "Value=1", ENDITEM,
            "Name=allownoticeauthor", "Value=1", ENDITEM,
            EXTRARES,
            "Url=static/image/common/pmto.gif", "Referer=http://127.0.0.1/discuz/forum.
            php?mod=viewthread&tid=1873&extra=", ENDITEM,
            "Url=static/image/common/midavt_shadow.gif", "Referer=http://127.0.0.1/discuz/
            forum.php?mod=viewthread&tid=1873&extra=", ENDITEM,
            "Url=static/image/common/flbg.gif", "Referer=http://127.0.0.1/discuz/forum.php?
            mod=viewthread&tid=1873&extra=", ENDITEM,
            "Url=static/image/common/rec_subtract.gif", "Referer=http://127.0.0.1/discuz/
            forum.php?mod=viewthread&tid=1873&extra=", ENDITEM,
            "Url=static/image/common/rec_add.gif", "Referer=http://127.0.0.1/discuz/ forum.php?
            mod=viewthread&tid=1873&extra=", ENDITEM,
            "Url=static/image/common/fastreply.gif", "Referer=http://127.0.0.1/discuz/ forum.
            php?mod=viewthread&tid=1873&extra=", ENDITEM,
            "Url=static/image/common/oshr.png", "Referer=http://127.0.0.1/discuz/ forum.php?
            mod=viewthread&tid=1873&extra=", ENDITEM,
            "Url=static/image/common/repquote.gif", "Referer=http://127.0.0.1/discuz/ forum.
            php?mod=viewthread&tid=1873&extra=", ENDITEM,
            "Url=static/image/common/edit.gif", "Referer=http://127.0.0.1/discuz/ forum.php?
            mod=viewthread&tid=1873&extra=", ENDITEM,
            "Url=static/image/common/popupcredit_bg.gif", "Referer=http://127.0.0.1/discuz/
            forum.php?mod=viewthread&tid=1873&extra=", ENDITEM, LAST);
    if(atoi(lr_eval_string("{postst}"))>0)
        lr_end_transaction("posttopic", LR_PASS);
    else
        lr_end_transaction("posttopic", LR_FAIL);
```

云云：这个也行，问题不大，注意，集合点一定要写在事务前！

恋恋：为什么？

云云：你总不先计时后集合吧，否则时间就不对了，先到的人会等后到的人导致事务时间变长。

恋恋：懂了。这样脚本写好了吧，可以开始跑场景了吧。

云云：嗯，你单独跑一下没问题可以开始跑场景了。

恋恋：跑了一下脚本是成功了，但是又有了一个新问题：

```
Action.c(192): Notify: Transaction "posttopic" ended with a "Pass" status (Duration: 0.6722
Wasted Time: 0.0676).
```

为什么 Duration 时间里面还有个 Wasted Time。

云云：这个问题解释起来比较麻烦，和 Think Time 还有关系，本来准备后面点讲的，这里顺手说一下吧。你可以这样简单记住 Duration 包含了 Wasted Time 和 Think Time，到了场景里面自动扣除 Wasted Time，到了 Analysis 里面自动扣掉 Think Time。

恋恋：不懂。

云云：就先这样记住吧，讲明白这个道理很麻烦，后面再说。

恋恋：好吧，原来你也会这种塞面包的做法。

云云：效率和理解总有些矛盾的地方，讲的清楚就不方便速成了，因为细节道理太多了一说就很多话了。

恋恋：懂啦，你最厉害了。

云云：快去跑两个场景吧，然后我们来看看结果。

恋恋：好！

场景执行

恋恋：为了节约时间，我这样做场景吧，如图 4-5 所示。

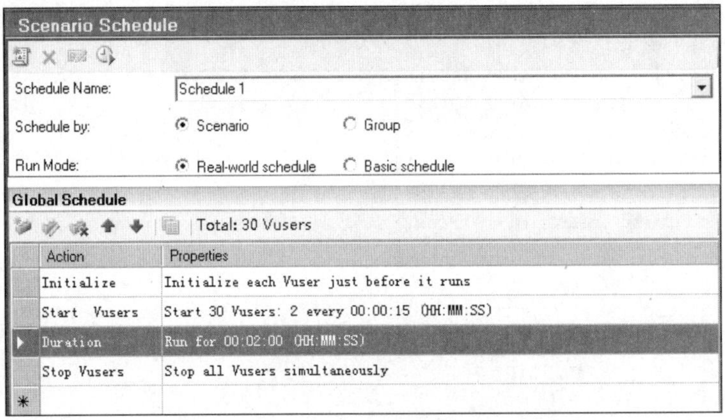

图 4-5

云云：可以，记得加 Windows 计数器，虽然没什么用。

恋恋：好的。对了你说的集合点策略在哪里设置？

云云：如果脚本里面有集合点，那么在菜单就可以点开，否则是灰色的。这里有几个选项你分别设置了跑一下，报告里面我给你说是为什么，如图 4-6 所示。

恋恋：你就偷懒好了，我看也没什么选项。

云云：关键就是里面的 Policy，这才是集合点的关键，如图 4-7 所示。

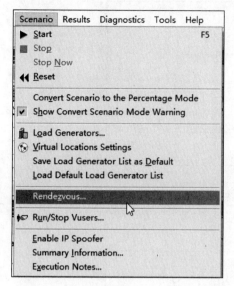

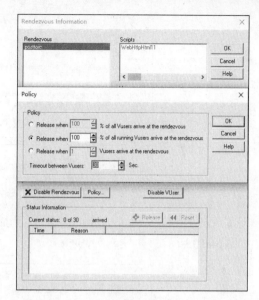

图 4-6   图 4-7

恋恋：知道了，我开始跑场景，第三个策略我选 5 个用户。

报告数据

恋恋：又到了列数据的时候了，不知道这次能看出点什么，如图 4-8 所示。

Statistics Summary

Maximum Running Vusers:	30
Total Throughput (bytes):	301,520,964
Average Throughput (bytes/second):	871,448
Total Hits:	48,720
Average Hits per Second:	140.809 View HTTP Responses Summary

You can define SLA data using the SLA configuration wizard

You can analyze transaction behavior using the Analyze Transaction mechanism

Transaction Summary

Transactions: Total Passed: 872 Total Failed: 0 Total Stopped: 0   Average Response Time

Transaction Name	SLA Status	Minimum	Average	Maximum	Std. Deviation	90 Percent	Pass	Fail	Stop
Action Transaction	⊘	0.981	6.351	15.424	3.617	11.134	406	0	0
posttopic	⊘	0.174	0.911	2.943	0.547	1.606	406	0	0
vuser end Transaction	⊘	0	0	0.001	0	0	30	0	0
vuser init Transaction	⊘	0.001	0.001	0.004	0.001	0.002	30	0	0

图 4-8

这是没有集合点的数据，可以看到 406 个事务通过。

云云：接着列一下三种不同集合点策略的数据。

恋恋：列数据好无聊啊。这是第二种情况，带集合点，集合点用第三种策略，5 个用户。一共完成了 365 个事务，如图 4-9 所示。

图 4-9

这是第三种情况，有集合点，集合点使用第二种模式 100%，可以看到通过事务有 210 个，如图 4-10 所示。

图 4-10

这是第四种情况，有集合点，集合点策略使用第一种模式 100%，成功事务只有 91 个，如图 4-11 所示。

图 4-11

云云：和我预想的一样，你看明白了吗？

恋恋：看不明白啊！为什么一个结合点策略搞得结果误差那么大呢。

云云：别急，我给你列一个表你对比看一下，如表 4-1 所示。

表 4-1

策略	完成事务数	发帖平均响应时间	备 注
1	406	0.911	无集合点
2	365	1.048	集合点策略 3，10 用户
3	210	3.659	集合点策略 2，100%
4	91	3.702	集合点策略 1，100%

恋恋：为什么没有集合点的比有集合点的不但发帖多，而且发帖时间快呢？

云云：这就是为什么我给你说大多数时候其实未必需要集合点的关键原因之一，加了集合点会降低负载。

恋恋：不懂。

云云：集合点会导致等待，等待的时候会降低负载，而并发的时候由于服务器又处理不过来，所以最终导致总的负载不如没有集合点多。

恋恋：好专业，还是不懂。

云云：哎，看来又要举个例子，国庆是不是觉得车不堵了？

恋恋：没有啊，进出上海的车还是堵啊。

云云：我是指公交车不堵了。

恋恋：这个倒是，有什么关系？

云云：因为现在大家不用同时去上班了啊，所以就没有所谓的峰值出现了，整个时间段比较平均。

恋恋：负载总量也小了。

云云：领会精神，就好像你不用等别人一起做班车了，自然每个班车都能正好坐满。

恋恋：这样说人家明白了一点。

云云：接着你去对比一下 2、3、4 三种情况的并发用户负载模式。

恋恋：怎么看？

云云：添加一张 Rendezvous 的图。

恋恋：那么我来分别看看。

云云：我先给你整理一下吧，如图 4-12 所示。

恋恋：哇，这个对比好清楚啊，现在可以给我讲一下这三种策略有什么区别了么，对了，为什么没有集合点的那种是没有的。

云云：因为没有集合点，所以这个数据是空的。这里我给你解释一下三种策略的区别。

恋恋：听云老师讲故事了。

云云：很久很久以前有一个美丽的姑娘，她叫做恋恋，她家有一群绵羊。

恋恋：你继续编啊，我看你怎么编下去。

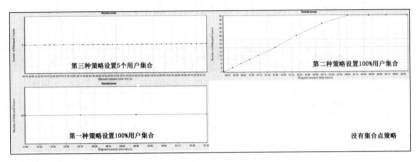

图 4-12

云云：这群绵羊有三十只，恋恋有一天想看绵羊阅兵，于是就想了三个花样。

恋恋：额。"阅兵"？这不是阅羊么？

云云：第一种方式，30 只羊每 5 只一组，开始出发，于是你就看到了第三种策略设置的结果。

恋恋：哈哈，这个例子很生动嘛。

云云：第二种方式，来多少羊就所有羊一起出发，于是因为场景设计的负载模式是逐渐加用户的，你就会发现羊儿是 2 只、4 只、6 只、8 只这样的逐渐"正步"通过的，这就是你看到的第二种策略的结果。

恋恋：怪说不得我觉得这个图看起来怎么那么像负载用户的趋势。

云云：第三种方式，就是 30 只羊都站好了，一起通过主席台，这就是你看到的第一种策略设置的结果。

恋恋：嗯，懂了，果然还是羊儿可爱，那么没有集合点的呢？

云云：那就是一群羊儿有的在走，有的在吃草，有的在晒太阳，有一只牧羊犬带着大家稀里哗啦的通过。

恋恋：哈哈！你真可爱，我就是那只牧羊犬，果然介绍的简单，我的脑子里面现在全都是羊儿踢着"正步"，咩咩叫的场境。

云云：每次都要给你讲笑话。

恋恋：所以没有集合点的羊群就稀里哗啦地被狗狗带过去了，所以过去的羊儿多。而集合点策略约严格，那么单位时间过去的羊就少了。

云云：可以这样理解，因为毕竟花了很多时间再等，而且由于并发数量大，那么会导致响应时间变长，甚至出现失误失败。

恋恋：懂了，羊群大了会出现后羊踩着前羊的后蹄的事情，然后羊群就混乱了。就一只羊过去，那是相当地顺利啊。

云云：今天晚上你要数羊了。

恋恋：那么，由于做了集合点导致了负载方式的不同，平常到底需要做集合点么？

云云：对于速成的你我只能说，一般不用集合点，如果要用也只用第二种，就算用了第二种一般也不用设置 100%，具体的原因是需求。

恋恋：又是需求啊，其实我总觉得这里有点模糊。

云云：模糊很正常，你要专业的就要看我的书啊。

恋恋：那本书看完了都明年了，你那书写的谁看得懂啊。

云云：专业书给专业人看啊，懂技术的自然能懂，你这种人看不懂很正常。

恋恋：你又开始嘚瑟了，对了，还有什么可以看的？

云云：你再对比下响应时间的变化趋势吧，如图 4-13 所示。

恋恋：让我看看。

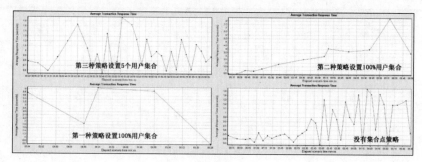

图 4-13

云云：哈，你这学习的很快么，做得越来越专业了。

恋恋：当然啊。

云云：你可以看到集合点设置了会导致响应时间波动的非常厉害，因为等待的时候负载会丢失，而并发的时候压力过大会导致响应时间很长，这些是不太好的现象。

恋恋：嗯，没有集合点的负载一开始比较平稳，后面开始波动比较大了。而使用第二种负载的模式增长就比较规律，没有特别大的波动。

云云：注意，看第一种策略设置，前 3 分 40 秒就没有数据。

恋恋：为什么前面没数据呢？

云云：我们设置了等 30 只羊一起起步，但是负载策略又是用户慢慢递增，所以羊儿就要等到 30 只羊都到了才能一起跑啊。

恋恋：原来是这个样子啊，怪说不得完成的事务那么少了，对了那么如果没等到会怎样呢？

云云：没等到啊，等超时啊，集合点有个超时的概念，如果一个用户等下一个用户 30 秒还没出现那么就自己跑了。

恋恋：大概知道了。

云云：能把这些数据看懂就差不多了，做性能测试要：（1）能对自己负载的模式正确的分析判断；（2）能对服务器对应的应答有正确的分析判断。那么后面的分析调优就很简单啦。

恋恋：今天就到这里了？

云云：就到这里吧，已经很晚了，休息吧，明天要讲的东西开始难了。

恋恋：啊，还要难啊？

云云：现在讲的都是怎么用，等到讲怎么理解的时候才是麻烦的时候呢。

恋恋：我去数羊去了，已经虐待我 4 天了，还有 3 天！

小结

理解事务，手工事务及脚本开发的内容，能够准确的完成事务的判断。对多场景分析有一定的思想和概念，能够明白不同集合点策略导致的结果不同的原因。

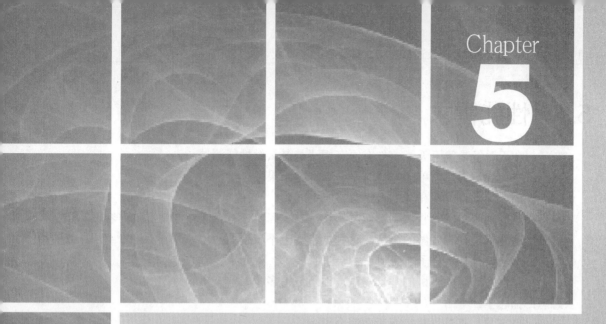

第五天

5.1 性能需求

云云：今天已经是第五天了，你有没有想清楚怎么做性能测试。

恋恋：嗯，我觉得蛮简单的啊，就是做脚本跑结果。

云云：那么你觉得你现在写的报告合格吗？

恋恋：还行，明白了一些，如响应时间长，TPS 高，还有比较不同情况的内容。

云云：这些都是初学者做的事情，这种报告还上不了台面。

恋恋：那应该是什么样子，快讲讲。

云云：回忆一下第一天讲的基础知识，你还记得多少？

恋恋：都忘了。

云云：也正常，不过这些东西后面都会用到。

恋恋：那先说具体的。

云云：首先要重新回来聊性能需求。

恋恋：第一天聊过，我还记得你让我做深蹲呢，现在脚还有点胀。

云云：那时候的需求聊得很浅，现在要聊深一些。

恋恋：还需要更深啊。

云云：到了真的性能项目，性能需求就没那么简单了，而且最关键的是在没有明确的性能需求下，你不知道做什么时候，做出来了结果也不知道怎么分析。

恋恋：那么说一下真实项目吧？

云云：我不太喜欢用技术来描述技术，所以来聊另一个话题。如果现在我要你调优你从家到公司的上班时间你怎么做？

恋恋：这个不是调优了吗，和需求什么关系？

云云：调优的结果本质就是性能的需求，你首先确定了你希望结果做成什么样，那么才能有报告对应的内容，大多数报告写出来的原因就是需求没想清楚。

恋恋：那么我还是不知道我上班调优的需求是什么啊。

云云：本质的需求都是要不花钱、快速、方便。

恋恋：这个道理我懂。

云云：所有性能问题都是有前提的，大家都希望能够高效、省钱地解决问题，但是忽略了所谓的前提。

恋恋：那么我上班调优的前提是什么？

云云：如果没有前提你怎么调优？

恋恋：没有前提，每天打车上班。

云云：既然没有前提，你完全可以放开来想。

恋恋：买部车自己开，好像这个和打车没什么区别。

云云：为什么你不考虑住公司边上呢？

恋恋：那还不如说公司就是我的。

云云：也可以啊，这就是所谓的没有前提的性能调优。

恋恋：那么前提一般是什么呢？

云云：先来说下你上班的前提，首先打车或者开车这个经济上不太现实，家里穷。

恋恋：你知道就好。

云云：其次，可靠的交通工具只有地铁，所以你直接公交换地铁，换公司大巴。

恋恋：这个不就没什么可以调优了吗？

云云：在这个前提下确实没什么可以调优了，因为你已经调优过很多次了。

恋恋：确实，我第一次去上班的时候，折腾了好几次，得到了现在最合适的上班时间和上班路径。

云云：那么如果你想进一步提高性能该怎么做呢？

恋恋：有个地铁从家门口到公司就好了或者公交也可以哈。

云云：对，所以你就要在这个前提下做性能测试。

恋恋：我还是不太明白。

云云：首先你现在有一个想法，就是能不能搞一个地铁和公交来降低你到达公司的响应时间。

恋恋：是这样。

云云：接着你在想这个东西应该是可以提高性能的，但是这还是个想法，并不是具体已经做到的。

恋恋：这个肯定可以提高性能的。

云云：确实如果做到的确实提高性能，但是在没有做出来之前，这只是个想法，就算实现了你也要验证确实这样做没问题。

恋恋：这个有什么问题呢？

云云：你觉得上海市政府会为了你的这个需求专门修个地铁么？那需要几百亿元的投资啊。

恋恋：是不会啊，但这是我想的需求啊。

云云：我说了需求是要有前提的，你写性能需求就要合理的需求，否则要么实现不了，要么做出来没用。

恋恋：那么我提了这个需求，开发就会考虑，最后根据具体情况才实现？

云云：然后你看看这个折中的方案是不是能提高性能。

恋恋：好复杂，为什么不能直接对着我的需求来解决呢？

云云：你只考虑自己没考虑整个城市啊。

恋恋：好吧，然后这样就行了？

云云：你提了一个需求，是个很简单的点，但是，其实包含了很多需求。比如支持这条线的有多少人，应该设置几个站，怎么换乘，周边配套怎么做，每个站放在哪里等。

恋恋：你这样一说，确实我都没考虑到。

云云：你想过为什么高铁的线路不是完全直的，还有高铁站都比较偏？

恋恋：规划就是这样做的，不过确实应该修直的啊，因为高铁造价很高，多修一公里多好多钱。

云云：修铁路的目的是什么？

恋恋：不就是交通方便吗？

云云：那么，高铁就应该通过相关的重要城市吧，否则中间就没人下来了。

恋恋：那么，城市和城市间不能完全修直线吗？

云云：理论上是这样的，但是你还要考虑线路上通过的城市或者一些物理问题，比如山之类的，如果完全修直线会带来非常多的麻烦，如迁移人口。

恋恋：这样一说好麻烦，所以要专门测绘，然后和相关城市的部门再沟通。

云云：是啊，还要专门修个高铁站，太近了不好，太远了也不好，还要考虑成本问题。

恋恋：搞得就和修个电梯一样，每个人都有自己的利益出发点。

云云：所以，你想调整性能提出需求不是简单说一句："系统给我快一点"，这样就快了，这是个非常系统的问题。

恋恋：给你这样一说，我觉得没法做性能需求了，太难了。

云云：本来性能需求就不太好做，但是现在还是有比较简单的做法，毕竟你接触的系统不会像城市规划这样复杂，顶多是一个公交车线路调整。

恋恋：那么我在需求上应该怎么写呢？

云云：你需要抓住以下几点：

（1）有多少用户；

（2）这些用户主要做什么事情；

（3）做这件事情有什么性能硬性指标；

（4）系统最多能支持多少。

恋恋：有多少用户我怎么知道？

云云：张江高科大概有多少上班族？

恋恋：我不知道啊。

云云：那么具体点，你们公司有多少人？

恋恋：我公司在集电港这里，一栋楼大概有 3 千多人吧。

云云：那么你们需要多少部班车呢？

恋恋：一个班车大概坐 60 多个人吧，所以需要 50 个班次。

云云：你们应该不是所有人都坐班车，还有自己开车的吧，再说不是所有人都在公司吧。

恋恋：是的，那么我就当 80% 的人在公司吧。

云云：接着你们下班是 18 点吧，不是所有的 2400 人同时下班吧。

恋恋：是的啊，下班了公司还有健身和瑜伽，还有加班的，你看我都 19 点下班的。

云云：所以这就意味着下班有高峰期，有低峰期，总共要走 2400 人，接近 40 个大巴班次。然后你们一定会在高峰期的时候放多辆车，低峰期只放一辆，然后间隔时间也不同吧。

恋恋：对，和你说的一样。

云云：调优就这么点事情，我现在把需求说清楚了吧。

恋恋：感觉需求说清楚了，貌似问题都解决了。

云云：其实性能需求做的好不光是告诉人家问题是什么，而且还要告诉别人应该怎么做，最后只要验证下这样做是不是和计划中的效果一样好了。

恋恋：比如呢？

云云：国庆了，是不是要提前下班啊，是不是班车就应该排得提前点？

恋恋：对，说到这个，早上的班车我就有意见，10 点就没有了，我去公司只能坐"铛铛车"（张江高科的有轨电车）了。

云云：所以你在提需求的时候，未必能考虑到所有的情况，最终落地后在某些情况会很好，有些情况会很差。

恋恋：那么就多搞点班车就行了啊。

云云：这里有个成本的问题哦！性能你花钱当然能解决，但是本质上做性能测试就是为了用低成本来解决问题。

恋恋：这样啊，性能调优好麻烦啊，又要省钱，又要性能好。

云云：这就是这个工作有价值的地方，也是有挑战的地方，更是完成了有成就感的地方。

恋恋：你看你眼睛放光了，得意了吧。

云云：做这个事情真的会很爽，所以我也希望你能享受这个过程，只有这样你才做的好。

恋恋：那么性能需求到底怎么写？

云云：要在前提下提出你对性能的期望值。如 500 个用户做某个业务，响应时间在某个范围之内，TPS 不低于多少，系统资源能占用多少，整体没有明显瓶颈。

恋恋：听着好专业，能简单点吗？

云云：就是你现在只有 5 元钱，你希望能够在 30 分钟从家到公司，而且整个过程不拥挤也不麻烦。

恋恋：嗯，这个听起来简单多了，但是我还是不会写。

云云：本来这东西就没那么简单的，关键是你知道这是怎么回事，然后你知道怎么去学。

恋恋：嗯，懂的，就和弹钢琴一样，我知道这是怎么回事，但不代表我能弹得好，我需要按照我的想法练习。

云云：对，就是这样，所以你现在能有这个概念就行了，随着后面的深入，你会发现你在准备需求中的不足，然后就能越来越好的编写需求。

恋恋：那么接着我写个性能需求？

云云：正有此意。

恋恋：那么我试试吧。

小结

了解性能需求的分析、开发模式及原理，对被测对象的性能需求有一个基本的理解。

5.2 第一个性能需求

恋恋：今天的需求叫做丸子未来的家。

云云：哎哟，这个有我的风范了。

恋恋：丸子有一个很大的家，有一个院子，这个院子不用很大，但是需要能够放一个秋千、一个露天桌子，天热了可以在院子里面乘凉，天冷下雪了可以堆雪人。如果有个小丸子，那么还可以在边上做个小篮球架和足球门，爸爸可以陪着运动。

云云（美好的感觉）

恋恋：房子有 4 层，地下室一层主要是一个车库，一个杂物间一个影音室和一个小的衣帽间。地上一层是一个大大的厨房、客厅和餐厅还有一个厕所。

恋恋：估计要个 40 平方米吧！

云云：继续！

恋恋：二楼是丸子的房间，有 3 室，包括一套带内卫。有一间留做书房。三楼就是一整个主卧套房了，带一个大的衣帽间和豪华浴缸、大阳台。

云云：这是一套别墅了。

恋恋：我对你有信心的，你做得到的。

云云：那么要实现这个需求要多少钱呢？

恋恋：这个啊，让我算算，市区的别墅就别想了，那是上亿的。我就按照外环的价格吧，大概 3 万元一个平方，一个别墅大概在 240 平方米左右，也就是 700 万元，豪华装修一下估计得 150 万元，最重要的是你还要配一部好车，那 50 万元以下的车不用看了，就按照我的大爱 BMW X6 来算就是 100 万元，物业费什么暂时不考虑，估计也就是 1000 万元吧。

云云：乖乖，1000 万元怎么赚啊？

恋恋：又不是让你一下子全款 1000 万元，再说你要买得起这个房子估计年收入得过 80 万元。首付 600 万元按揭还款。

云云：贷款 400 万元？

恋恋：哈哈，那样子的话每个月要还 4 万元的房贷，估计你承受不了。

云云：这个真买不起。

恋恋：你看，我这个需求做得好吧。

云云：大方向蛮清楚的，但不是软件的性能。

恋恋：你不是说过么，不要总用技术来解释技术，生活是高于技术又融于技术的，换成软件一样的啦。

云云：软件是什么？

恋恋：无非就是整个系统能够支撑多人在线，关键业务 A、B、C、D 能够分别最多达到多少 TPS，整个系统资源使用率不超过 70%。写得再细点无非就是一些具体的环境和架构，这东西都是设计人员做的，只有在架构不给力的时候才需要考虑，这那里是测试的事情。

5.3 性能测试方案

云云：有了需求，那测试就很简单了，根据需求写方案就可以。

恋恋：为什么我觉得还是很难呢？

云云：何难之有？

恋恋：因为我不懂啊，我知道要测这个，但是我还是不知道怎么测！

云云：还记得第一天的深蹲吗？

恋恋：讨厌，这个我懂啊。

云云：其实软件的性能测试方案本身并不难，关键是你知道具体的测试点是什么，其次是怎么测试比较合适。

恋恋：是啊。

云云：问一个问题，现在女的越来越"汉子"，男的越来越"娘们"你怎么看？

恋恋：你在说我们俩？我就觉得你"蛮娘们"的，家里的蟑螂都不敢打，还得等我。

云云：跳过这话题。

恋恋：其实关于这个问题我也想过，无非就是家庭教育的方式问题。家里对男的怕调皮，越来越多的文化教育，希望男孩子更加书生点。而对女孩子一般都怕以后吃亏，希望女的更加独立自主，最终导致了这个结果。

云云：就是"萌妹子"独立了就成"女汉子"了？

恋恋：其实并不是独立就是"女汉子"，国外的女孩都很独立的，但是女孩子确实缺少了点柔性，而男的都"太文艺"了。

云云：那么这样的需求下，我们怎么做优化呢？

恋恋：首先我觉得这个东西和区域有关系，我们先要分一下！

云云：分什么？

恋恋：分家庭、区域、教育背景等因素。因为不同的家庭教育出来的孩子不一样的。你知道不，你这一代是父母带大的依赖性强。你上一代是自己打天下的独立，你下一代就是 80 后到 90 初，这是被溺爱的。

云云：我先认为你这个分析是合理的，然后呢。

恋恋：接着就要具体问题具体分析解决了吗？无非就是什么样的家庭会出什么样的孩子，做个调查，然后分析下同样一个男孩子在不同的家庭为什么一个比较女性一个比较男性，这样就知道调优方案了。

云云：这个我还真不懂，你来写下方案吧。

恋恋：好吧，首先我觉得孩子应该有担当，也就是培养责任心，做事先做人。你就是这点上还"缺根筋"。

云云：还不忘数落我。

恋恋：做不做是态度问题，做不做得好是能力问题，这点丸子一定不能像你。

云云：你的方案呢？

恋恋：然后丸子要独立，绝对不能宠着。还好这一点已经沟通过了，所以，以后丸子的东西要自己洗，不能像你这样懒惰。

云云：这个好像不是方案吧？

恋恋：这是基本方针，方案就是（1）高中要寄宿了，不要总在家里呆着。（2）摔倒了自己爬起来，痛了才能知道不能做。（3）规矩要做好，吃饭不认真吃就不给吃，饿着。

云云：这个方案怎么测试。

恋恋：关于教育的问题，这个话题太大等我有了慢慢做攻略。

云云：嗯。

恋恋：对了那么软件测试的测试方案怎么写呢？

云云：虽然这东西很空，但是，真地说套路还是有的。基本上遵循这样一个思路。（1）明确测试点和性能指标（负载量、响应时间、资源利用率、吞吐量。（2）使用单用户做测试明确响应时间及资源占用率。（3）使用渐进式用户量，去评估负载过程中性能指标的变化趋势，最终确定最大吞吐量及响应时间。（4）通过大规模压力测试评估稳定性。（5）根据需求逐一测试确定满足需求。

恋恋：听起来蛮简单的！

云云：其实说起来都简单，就像修房子，无非就是打地基、上架构、铺墙、装窗、峰顶、外墙、内装修。这东西那么多年了都很成熟了，软件也是这样，是固定套路的。

恋恋：那难在哪里？

云云：本质来说其实没什么难的，因为能接触到的东西都是成熟的商业架构，这些测试和调优的过程已经经历了很多年了，人家开发的时候都做过测试的。

恋恋：那么为什么工资还那么高呢？

云云：因为有比较低的架构、开发、运维，所以才需要一个不太低的测试来帮助其他部门的相关人员来解决问题。真的比较难的是针对自己设计的产品来做调优！

恋恋：是不是什么 BAT（百度、阿里、腾讯）自己的系统做性能测试就比较难了呢？

云云：这个其实也未必，BAT 的很多系统也是用的比较通用的架构的，如 Apache 或者 Nginx，但是因为自己架构和规模比较大，那么针对自己的业务就会有些定制，来更加匹配自己的需求，这就是他们的调优。有点像你要的房子就是要厨房大，要用米技炉。

恋恋：因为我觉得它好啊，不热，而且稳定控温，热牛奶也不会溢出。

云云：所以这就是你针对房子的这一块做的优化，然后可以自己命名。

恋恋：是的，以后我家一定是样板房哈。

对性能测试方案有个概念，大概知道方案要写什么。

5.4 设计性能测试

云云：接着要给你说一个最难的东西。

恋恋：还有什么难的东西？我觉得已经没什么难的东西了啊。

云云：其实性能测试中最难的就是设计性能测试，覆盖方案设计+环境搭建+执行预案。

恋恋：前面不是写了测试方案了吗？

云云：所以现在要讲环境搭建和执行预案啊。

恋恋：测试环境不是开发和运维负责吗？那么复杂的系统怎么搭建？

云云：虽然这话说的不错，但是你要搭怎样的环境还是你要指导的，而且说实话告诉别人做什么有时候不如自己来做。

覆盖方案设计

云云：前面其实已经把方案给说了，这里需要重新强调下。

恋恋：需要强调什么呢？

云云：测试方案没有对错，只有你做这个方案的想法，所有的后续数据都依赖于你这个想法。所以没有错误的性能测试，只有错误的测试方案。很多人说性能测试结果看不懂，问题就是在这里：（1）在不知道测试方案的基础上没有把握测试结果的重点；（2）测试结果数据反映的内容与测试方案的期望结果是否匹配。

恋恋：我不太明白，感觉好深奥。

云云：还记得 BV 吗？

恋恋：你就知道 BV 的皮夹，便宜的都不买了。

云云：不过你没发现我最近没找你要买吗？包括你看我也没用新秀丽的包和穿西装。

恋恋：是啊，你为了舒服啊！

云云：不是啦，我也知道见客户应该穿得正式，但是你想，我穿个西装、打个车、背个双肩包？

恋恋：是啊，就是一个卖保险的。

云云：再在裤子口袋里面套个 BV 的钱包？里面拿出脏兮兮的十几元钱零钱？

恋恋：人家肯定看不上你。

云云：所以，既然你要上档次就要整体一起上档次，在性能测试这个概念里面叫做木桶效应。就是你性能的最高值是受你木桶的最短一块板决定的。

恋恋：你的意思就是要等你买车了，然后就可以穿西装了，用新秀丽的手提包了，里面放你的超级本和 BV。

云云：对，这样才像成功人士。这就是性能测试方案的重要性。其实一般方案的出发点无非就是写的人的眼界，但是结果总是有用的，只是也许不够科学而已，就像城市平均房价一样。

恋恋：嗯，上次才说了别墅，你再来谈谈房价。

云云：房价贵不贵其实不是简单的看具体价格，而是对应城市人口的消费能力和需求。如果房价太便宜，确实并不是个好事，至少就会带来一个问题，做人没追求！

恋恋：我不这样认为啊，房子便宜了你就可以换别墅了，然后生活没压力了，就可以做自己想做的事情了。

云云：想法虽好但是实现了你会发现不是这个样子。这就是你的方案设计有问题，你觉得啃老族怎么样？

恋恋：哎，确实发现大多数啃老族做事不靠谱，而且懒。

恋恋：嗯，我们公司的新员工才这点工资，每个月扣掉租房和吃饭，就只有 1000 多元。

云云：所以，房价的定义应该是遵守一个比例关系的，比如刚毕业的人要租得起，快结婚的要买得起，有钱的可以买得好点，就像游戏一样让所有人都觉得努力一点就有变化，这样才有动力。

恋恋：听起来很有道理的说，那么你觉得房价应该是多少呢？

云云：这里就要有前提了，记住方案是根据需求来确定的，需求是有假设前提的。

恋恋：什么前提？

云云：这里我用 IT 人员的收入来作为参考，其实这个不合适，因为 IT 从业务的工资现在是较高的，而且涨幅也是高的，但是，因为比较熟悉这个行业的薪资，所以我们暂时用这个作为标准。

恋恋：嗯。

云云：一般大学毕业我们按照正常二本来作为中间层次参考，这个档次学生的毕业工资大概在 4000 元左右，算中等吧。

恋恋：差不多吧。

云云：那么他们应该能够租一个大概 15 平方米的卧室的房子，也就是说两个人合租大概 50 平方米的房子（小两室一厅）是比较理想的情况。

恋恋：住得有点好。

云云：而且房子的距离不能离上班太远。假设公司在张江，那么顶多住川沙或者金桥一带。

恋恋：现在那边房租和房价挺贵。

云云：大概 50 平方米的房子按照 2.5 万元的价格来计算，总价在 125 万元左右。

恋恋：你算这个干嘛？

云云：正常的理财利息在 5% 左右（算低的，但是安全），也就是一年 6.25 万元的利息，折合每个月大概 5000 元。也就是说作为房东，租金在这个价格上才算是投资勉强合格，当然我们这里没考虑房子自己升值的问题。

恋恋：也就是说两个人合租这个房子每个人要 2500 元一个月。

云云：正常来说这才是合理的。

恋恋：不过确实差不多，你这个算的还蛮准的。

云云：那么 4000 元一个月的大学生，付了 2500 元一个月的房租，在算上别的一些零用，估计一个月就没什么剩余了，所以这个房价是偏贵的。

恋恋：那你觉得多少合理？

云云：我不说住的多好，正常的租金在大概 1500 元可能会合适点，因为 4000 元月薪税后也就 3700 元，然后每个月要有 300 元的交通费，600 元的伙食费，也就是说在不做任何别的采购的情况下，最基本的生活开销就要 2400 元，能够剩余 1300 元，还没算电话费、网络费等。

恋恋：也就是说如果租金一共要 3000 元，总房价就只能是？

云云：这种房子价值也就是 72 万元左右的总价，也就是大概 1.5 万元每平方米的价格。不过现在是价格高于价值。

恋恋：哎，我也觉得房价好贵啊。

云云：那么工作几年后要成家了，他们的房价应该是？

恋恋：我觉得结婚怎么都应该有个一室一厅吧。

云云：也就是大概在 40 平方米左右的空间。按照现在的价格估计，房价在 120 万元左右，可以选一个合适点的地段，因为自己住不是租房可以随便换。

恋恋：120 万元是贵还是便宜呢？

云云：所以，这个你就要算一下了，我们假设大家的收入是这样的水平，如表 5-1 所示。

表 5-1   单位：元

工作年限	1	2	3	4	5	6	7	总计
收入	4000	5000	8000	10000	12000	15000	16000	
支出	3000	3000	4000	5000	6000	8000	8000	
净收入	1000	2000	4000	5000	6000	7000	7000	
年余额	13000	26000	52000	65000	78000	91000	91000	416000

也就是说按照这样的收入水平，在 7 年后能够有 41.6 万元的存款，这里只按照男方的收入来计算的，而且假设每年都是 1.3 万元。

恋恋：你这个工资有点高，我这里经常看到 7 年工作经验的也没拿到 1 万元啊。

云云：我这里是按照比较高收入点的人来算了。

恋恋：我懂了，那女性大概能有多少？

云云：我这里都没算上买电子产品、旅游之类的开销，所以其实存不到那么多的，女方能存多少我就不知道了。首先女性收入升不了那么快，其次女方自身的开销比较大。

恋恋：也是，我就算存个 15 万元吧。

云云：你这个其实也不算少了，因为女孩子在结婚的时候一般都比男的小 2 岁左右，所以工作经验少，工资也不可能像男的那么高。

恋恋：好吧，我算 10 万元好了。

云云：也就是说这两个小夫妻手上有了 50 万元的现金，算上理财什么做得比较好（股票不赔，投资收益比较好），有 60 万元的现金好了。你要算上结婚本身的开销，戒指、婚纱照、酒水这个估计要个 5 万元的，然后房子装修要个 5 万元的，那么只有 50 万元买房，注意不可能 50 万元都买房，因为手上没现金了，只能大概首付 45 万元左右，剩下的公积金贷款或者商业贷款。

恋恋：头都要算晕了，好烦。

云云：按照首付 4 成来算，也就是说也就买个 120 万元的房子，按照 45 平方米的面积来算，大概单价要到 2.7 万元左右。

恋恋：勉强买个二手房，新房买不起。

云云：最重要的是，其实我们算得非常乐观，大多数人没有这个工资增长速度。

恋恋：你看我工作那么多年了都还没达标呢。

云云：现在你知道怎么算房价贵不贵了吧？

恋恋：大概明白了。

云云：所以，这就是方案的来源，根据需求评估，然后设计方案验证是否合理。

恋恋：有点感觉了。

环境搭建

恋恋：搭环境不是运维做的吗？

云云：你设计了方案，除非设计的很准，否则别人还是不太能够准确地给你模拟出环境。你要包含具体的硬件配置参数、软件版本及设置、应用部署方式。

恋恋：那么复杂！

云云：你搭建一台服务器，重要的是说明要多少个 CPU，每个多少主频吧，要多少 GB 内存，内存大概什么速度，要多少 GB 硬盘吧，硬盘什么速度。

恋恋：这么细致啊。

云云：不同的硬件带来的性能差距很大的。如我的笔记本电脑上的 7200U 低电压版 I7，就比普通的 I5 还慢一点，更不要说那种硬盘上的 IO 了。如你要装的 OS 的具体版本号，你装的服务的配置参数及版本，这些是不是集群等都要非常清楚。

恋恋：我那么清楚了还要别人装干嘛，我也会装了。

云云：所以，这个一般都会变成性能测试需要会的技能了。

恋恋：这么复杂的工作。

云云：哎，入门了就容易了。

恋恋：继续吧，最后还要什么？

云云：最后你总要把你的产品部署上去吧，怎么部署的，中间数据怎么准备。

恋恋：额，对，还要初始化数据，没有数据怎么做性能测试。

云云：所以，设计一个性能测试环境很复杂。

执行预案

云云：最后来说一下执行预案。执行预案比较简单，其实就是在执行过程中要做的和需要处理的一些意外发生事情。

恋恋：异常处理机制？

云云：差不多吧，因为在性能测试的过程中可能会出现和你计划完全不一致的情况，这个时候你就需要一个明确的处理机制。

恋恋：那么性能测试的预案怎么做呢？

云云：一般的做法都是运行性能测试时，几个测试高手坐在一起看结果，这是理想情况，出问题就解决了，就好比结伴编程调试一样。

恋恋：结伴编程是什么？

云云：敏捷开发中的一个概念，就是两个开发人员一起写代码，一个人写一个人思考，这样写出来的程序质量比较高。

恋恋：这样很复杂，但是的确效率高。

云云：实际情况是你运行完了测试后，把结果拿给相关人看，因为多数情况你自己看不懂。然后几个测试高手再来重新看测试情况，重新设计方案，重新做测试，重新定位问题。

恋恋：听起来好麻烦。

云云：就是这样啊，所以写个预案一般都没用，因为写的人没那么厉害，让别人都遵守你的规则。就好像红绿灯一样，虽然说是红灯停，绿灯行，但是如果都没车，应怎么办？

恋恋：所以我觉得红绿灯应该智能点，没车就调换别的信号多好。

明确性能测试设计的三大要点及其中逻辑。

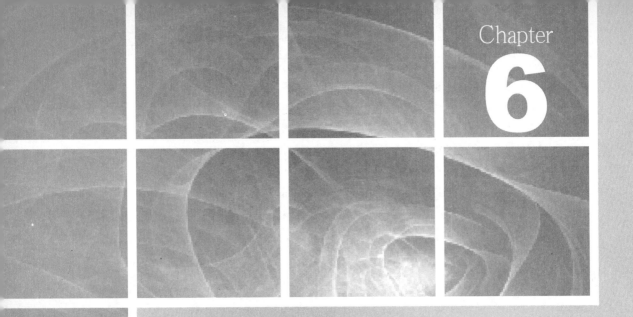

第六天

爱马仕、Prada、LV、BV、MIUMIU、GUCCI、Chanel、Burberry、DIOR、FENDI

6.1 性能分析

云云：性能分析其实本质上也比较简单的，但要求却最高。

恋恋：这不是做性能测试最有技术含量的吗？

云云：个人觉得，其实真的有技术含量的还是前面的脚本开发，我一直认为性能测试脚本开发是最难的，而分析调优真没什么特别难的。

恋恋：我觉得脚本开发很容易啊，性能分析和调优完全没概念。

云云：这个就是初学者的误区，觉得自己不懂的东西很难而忽略了自己可能连自己觉得懂的东西也没入门。

恋恋：你说我是"小白"喽？

云云：在技术方面我觉得完全可以称得上。

恋恋：反正我也不是想做技术的人，我的强项在沟通。

云云：嗯，这就是性能分析和调优啊。

恋恋：不懂。

云云：你针对自己的具体特点做了分析，然后针对问题时选择了最合适的处理方式，这就是调优。

恋恋：这样啊。

云云：性能分析其实非常依赖于你对一些常识的理解和思路。

恋恋：我还是不太懂，怎么说？

云云：你不觉得现在微信圈子里面各种消息真假难辨吗，其实有些消息仔细想想明显是假的，但是还会被很多人信。

云云：这种例子太多了，大家都因为自己不懂，但是又对不知道的事情恐慌，在没有任何可靠的渠道来公证的前提下，就会主动地相信最坏的结果，谣言就这样传开了。

恋恋：这倒是，我们圈子里面也有这种人啊！

云云：其实上次我在说性能测试需求的时候，我就说过性能分析。

恋恋：那个达标不达标也能算性能分析啊。

云云：这个当然是分析啊，比如你分析自己能不能考上清华，不也是一个简单的分析吗？

恋恋：这个道理我懂啊，但软件性能问题分析怎么做呢？

云云：因为你不懂软件性能常见的问题为何会出现，所以你自然就不知道怎么分析了，接着我给你简单说一下常见的性能分析的关键。

恋恋：嗯，说吧，亲爱的陈老师。

云云：首先，所有的性能问题都会体现在硬件上。表现的形式有两种，一种是硬件资源不够了，一种是硬件资源怎么都用不上。

恋恋：这为什么感觉是自相矛盾啊？

云云：你知道支付宝一天只能转 5 万元人民币吗？

恋恋：知道啊，这个和硬件资源有什么关系？

云云：硬件资源不够了，就是你银行卡没有那么多钱，所以你想取 5 万元都取不出来。你银行卡只有 3 万元，然后你取了 100%也就 3 万元。

恋恋：也就是说双 11 的时候，如果要买个 4 万元的电视机，就会因为资源不够而买不起喽。

云云：对，这类问题往往都是 CPU 占用 100%或内存和硬盘出现队列时使用。

恋恋：队列是什么意思？

云云：简单来说就是排队，CPU 的 100%使用，通俗来讲，就是 CPU 繁忙。

恋恋：这个我大概知道啊，CPU 要去执行指令，所以 100%的 CPU 占用率就说明 CPU 处理不过来了。

云云：可以简单这样理解吧，其实里面还分 User 和 Sys 占用，也就是用户的应用占用还是系统占用。

恋恋：好复杂啊！

云云：你知道脂肪燃烧么？

恋恋：知道啊，这个有什么关系？

云云：跑步首先会使用你的体力（也就是一种能量），然后跑到一定程度，能量就会不够，你就会觉得很累，这个时候脂肪就会被分解，但不是说脂肪分解了你就有力气了，脂肪分解本身也消耗能量。所以跑步一开始有个很累的感觉，那个时候是在使用你本身的体力，等跑过了这个极限以后，你就不觉得累了，那是因为脂肪分解给出的能量能够补充给你。而最后脂肪分解所消耗的能量很高，能留给你跑步的很少，而你的运动量还是很大，这个时候起，你才真的跑不动了。

恋恋：这个好像就是减肥的有氧运动吗？中间那段才是真的燃烧脂肪，开始的那段就是在消耗水分，本质上不减肥。

云云：所以 CPU 的占用也是这样，到底是服务进程占用还是系统占用是有区别的，一般来说系统占用率高都是因为 IO 问题，也就是磁盘或者内存交换导致的 CPU 任务调度会导致 Sys 的 CPU 占用率偏高，而 User 的 CPU 使用就会下降，最后导致速度变慢。

恋恋：那么内存和磁盘呢？

云云：这下要回过头来说这两个概念，内存和磁盘基本没用 100%的概念，主要是队列的概念，所以一般初学者看不懂这个指标。

恋恋：队列到底是什么？

云云：就是排队啊，其实 CPU 也有这个概念，不过 CPU 到了 100%你就知道 CPU 忙了，不需要用队列来更进一步说明了，在某个角度来说 100%的 CPU 使用率未必是大问题。

恋恋：排队和性能有什么关系？

云云：关系很大啊，比如放假时，大家都回家，公路上堵得很，这就是队列。主要原因就是入口太大，出口太小，高速公路 10 车道，城市 6 车道，只能堵在瓶颈口啊。

恋恋：所以内存和磁盘就有队列喽？

云云：内存上的概念其实是两个，一个是可以使用的内存数，另一个是硬错误数。而磁盘上的也有两个概念，一个是读取、写入速度，另一个是队列长度。

恋恋：你前面说内存有队列概念，怎么这里就没了。

云云：这里的硬错误其实就是队列的概念啊，只是你不懂硬错误而已。所谓的硬错误就是在内存中找不到应用想要的数据，然后去磁盘查找的情况，然后不就排队了？

恋恋：还是不懂。

云云：很正常啦，很多基本概念你没有学，说原理其实你也听不懂的，你知道大方向就行了，就像我记住给你买个爱马仕就行了，哪怕它不是你喜欢的，但是一定是你不讨厌的。

恋恋：那么不占用硬件资源呢？

云云：很简单啊，你现在银行卡里面有 10 万元，现在要买个 6 万元的电视机，这个时候买不到的原因不是你没钱，而是你没这个使用额度。

恋恋：这样啊，那怎样提高使用额度呢？

云云：应用和操作系统都会有一些设置来控制对资源的使用，所以这些东西需要一些支持和配置，不是你放多少资源系统就能支持的。

恋恋：嗯，让我想想。

云云：接着来说一下软件方面的性能常见问题。

恋恋：硬件方面就够烦了，还有软件啊。

云云：软件的性能常见概念主要和连接池有关。

恋恋：何为连接池？

云云：本质上就是排队机制，但是排队也会有个问题，就是队列里面的东西太多了，就管理不过来了，而管理队列的东西可以认为是连接池的工作模式。

恋恋：超级绕口，请用我能懂的解释一下好吗？

云云：好比你做的烤肉吧。

恋恋：就知道吃！

云云：你烤肉就是输入，由于要吃的人很多，所以你要烤的东西也很多，只能用类似于队列的方式，一个个的放在烤架上。这里可以随便提一个概念绝对并发和相对并发。

恋恋：队列我大概明白了，就是一个步骤接一个步骤，还和并发有关系？

云云：你烤肉的时候其实并不是一块一块放在烤盘上的，也可以两块一起放。这个时候就可以当作是相对的并发了，因为两块肉是同时在烤的；不过从绝对的概念来说，两块肉不可能完全同时放到烤盘，而且温度也不可能完全相同，所以它们被烤其实并不是并发的，因为负载不一样。

恋恋：这是一个主观和客观的概念吧，主观就是相对并发，客观就是绝对并发。

云云：大概是这个意思，不过还没完。一个烤盘不代表只有你一个人用，我也可以用。

也就是说一个最终用户是会产出相对并发的，而多个用户在一起也会产生相对并发，这些相对并发中会产生绝对并发的概念，或者在某个精度范围内是绝对并发。

恋恋：是不是与并列金牌的概念类似，我们这种百分之一秒的计时系统也不能区别了，所以就算绝对并发了但在物理学角度来说是不可能出现绝对并发的。

云云：对，所以一切都是在某个概念范围下来定义的。既然我们知道了并发的绝对和相对概念，这些通过并发请求都来到了我们的烤盘上的肉，问题来了，烤盘装不下，所以要烤的东西只能放在外面。

恋恋：所以烤盘就是连接池喽？进入池的东西就可以依次烤熟，而没有进入连接池的呢？

云云：这里继续扩展概念，连接池不只是一个，而是多个，来分担管理负载。烤盘确实是一个具体处理的连接池，而你待烤的东西放在盘子里，其实也是一个连接池，而这些原材料在厨房也是一个连接池，我们从某一个连接池里面拿出东西到下一个连接池，最终完成了整个业务。

恋恋：让我想起了公司的 ERP 系统，仓库 A 到仓库 B 到仓库 C，其实就是几个连接池。

云云：那么对于连接池来说，要提高性能无非是：

（1）连接池够大。

连接池里面能放的东西多，那么自然能处理的东西就多。烤盘大，那，烤的东西就多。

（2）连接池的出口足够快。

连接池内对应的处理 TPS 要高，这样处理能力强。烤盘的温度要高，放下去很快就烤熟了。

（3）连接池的容错。

其实从性能角度来说有前两点就够了，但是由于巨大的连接池里面存放了大量非常重要的内容，而且处理速度又很快，那么一旦出现一些问题，后果就很可怕了，容错就必须提上议程了。比如烤炉没火、不能点燃或烤焦了等。

恋恋：嗯，容错有点像换烤盘吧。

云云：对，换烤盘其实就是容错的一种方式，也叫做快速迁移，可以很方便地就把数据完全同步到另外一个连接池中，避免由于换盘而导致食料丢失。

恋恋：所以简单理解就是，软件的性能就是队列机制通过多个数据池来存放管理数据。

云云：本质的道理是这样，然后还有异步和同步的问题。

恋恋：怎么还有名词啊。

云云：这个更简单了，同步就是自己烤肉，异步就是让店员烤了送上来。

恋恋：不太明白。

云云：你自己烤肉是不是材料上来就烤，烤了马上吃掉。

恋恋：这个就是同步？

云云：是啊，你触发了这个过程并且完整地等待这个过程直到结果出现。

恋恋：我觉得对你来说才是同步的，你让我给你烤肉，然后你看着我烤完给你丢到盘子里，你就流着口水等着。

云云：大概就是这个意思，本质上就是马上要结果，中间会等待的过程，这个等待过程也叫做锁。

恋恋：锁？

云云：一说就停不下来了，锁的意思就是，我的就是我的，你这块肉是给我烤的，别人不能碰，必须等这块肉烤完了才能把炉子让出来给别人。

恋恋：嗯，这就是资源锁定对吧。然后要解锁就要看锁的方式和如何做中断来处理锁机制。

云云：差不多吧，说的我都饿了，我要吃去烤肉。

恋恋：异步怎么说呢？

云云：你让店员去烤肉，店员那边有个队列，你可能排在后面，所以他不会马上给你答复说你等着我这就给你做，做好了就送上来。然后他只负责把这个要求放在队列里面，慢慢排队到你，然后处理了再给你而已。本质上所有的同步都是异步，只是相对来说。异步的时间足够短就成了同步了，你在网上买东西看到订单确认其实也未必是同步的，很可能是异步的，最后的订单还要等一个巨大的队列慢慢构建呢。

恋恋：嗯，微信就是这样的，春节的时候发个消息会延迟好久才收到。

云云：所以这里简单聊了关于硬件和软件的一些性能概念，接着是不是该填肚子去了？

恋恋：走，给你烤肉去。

6.2　性能分析模型

恋恋：前面你说了关于常见的软件和硬件的性能瓶颈原理，那么到底怎么做性能分析你还没讲啊。

云云：原理都讲了其实都不用讲怎么分析了。

恋恋：你不讲谁能懂啊，原理那么枯燥，看了也不懂。

云云：原理就和煮温泉蛋一样啊。温泉蛋就是正好还在液体状态，没有完全固体化。老了就是煮久了，嫩了就是煮的时间不够。

恋恋：这个我知道，但是具体分析怎么做呢？

云云：咬一口就知道了啊，看看是老了还是嫩了，按个秒表记一下，高级的方法就是用设备记着时间。据说国外有个科学家专门做了个糖心蛋的生成公式，告诉你什么温度煮多久就一定是最合适的溏心蛋。

云云：其实性能分析本来就是一个综合学科，只有在你知道了原理的基础上再通过系统化地分析，就可以得到合适的答案，最重要的是在监控和基础操作上。

恋恋：你是不是又要说你的模型了啊。

云云：一个零件只有 3～5 毫米大，然后连接的一些部分只有 0.5 毫米，但是就这样两片

ABS 也能非常准确的卡在一起，并且还能灵活移动，这个基础磨具的精度真是让人叹为观止。

恋恋：确实挺复杂的。

云云：如果我们在硬件（CPU、内存、总线技术）、OS 操作系统、应用服务、数据库上都开始有自己的设计体系和真正有内涵的技术，那么调优才有意义。

恋恋：你这样说我不懂，现在的调优就没意义吗？

云云：说句实话，我们现在的调优都是人家不愿意调的。

恋恋：何出此言？

云云：就好比外国人来给我们讲"调优"麻婆豆腐怎么做好吃，这不就是班门弄斧吗？这个麻婆豆腐是我们做的，你无论怎么"调优"也只是麻婆豆腐，都在我们的这个基础上，无非就是甜点、辣点，换个东西就不是麻婆豆腐了，懂了吗？

恋恋：我们用 Windows 是微软做的，我们怎么做都还是 Windows 不可能变成别的？

云云：别人写的系统，算法和策略是先设计好再实现的，我们做的都是在人家实现的基础上做一些针对自己业务特点的简化和优化。就好比中国菜改良，原来很辣的菜，现在改良一下，虽然都叫做麻婆豆腐，在不同的地方味道都不一样，这也是调优啊。

恋恋：但你这样说性能调优真的就没意义了。

云云：根据业务发挥潜力本来就是需要的，不能因为我们吃不惯就否定它好吃对吧，上次我们去吃大董，他们的中餐做得就很像西餐啊。

恋恋：对，老外可喜欢吃了，每个菜都一点点，不过看起来很干净。

云云：其实国内如华为、阿里巴巴公司，他们还是有很多自己的技术的，毕竟华为自己做的 CPU 性能强，且还能跟上主流，这点是非常值得敬佩的，他们是自己设计、自己实现、自己测试、自己调优。而中国的高铁现在更是走在了世界的前列了，从引进技术到吸收技术再到根据自己国家的情况扩展技术，我们做软件工程的真应该学习他们。

恋恋：很少看到你这么谦虚，陈老师为何这样自卑。

云云：在知道了这个基础概念后，我就可以给你谈谈分析模型了，分析也不是那么简单的，但总是有思路的，就和学习东西一样不是简单看书就行了，需要实践才行。

恋恋：果然后面藏着大招，你就喜欢先把别人"踏平"了再吹起来。

云云：开始要简单看待，细节要深度分解，虽然很简单但是也要在想明白的前提下实践，学习这个我花了两年时间。

恋恋：看看两年有什么精华呈现。

小羊咩咩模型

云云：人家都叫做理发师模型，这里我要改叫做"小羊咩咩模型"，便于你理解。

恋恋：还不如叫"肥羊咩咩模型"。

云云：小羊咩咩模型是这样一个东西，羊村有一个规定，这里有一片草地，里面有很多草，每只羊都能进去吃一个小时的草，但是草地只有 3 片，而每只羊 3 个小时不吃草就会饿死。

恋恋：这个叫什么规定啊，吃个草要一小时，而且 3 小时不吃草要饿死。

云云：模型么，就是要假设么。好了，问题来了，一只羊儿吃草的时候，要多少时间，草地使用率是多少，吃草并发量是多少？

恋恋：吃草一小时，3 片草地被用一片就是三分之一，吃草并发量你指宏观还是微观？

云云：当然是宏观！

恋恋：那么一只羊吃草就是一个并发。

云云：对，那么现在来两只羊，一只肥羊、一只大力羊吃草，对应的结果是？

恋恋：还是一个小时吃草，不过草地使用率变成了三分之二，吃草并发因为有两只羊一起吃，宏观来说就是两个并发。

云云：那么 4 只羊怎么办呢？

恋恋：4 只羊有一只在外面等，3 只羊在里面吃草啊，等 3 只羊吃完了，它一个再进去吃。

云云：那么你发现什么规律了吗？考虑下 5、6、7、8、9、10 的情况。

（恋恋思考了一下）

恋恋：好像是有点规律，不过这个是很基本的规律啊。

云云：发现什么规律了？

恋恋：吃草时间随着羊儿的增加而增加，而草地和并发量是固定的。

云云：嗯，没错，这就是小羊咩咩模型。它反映了负载用户数和响应时间及 TPS 资源利用率之间的关系，简单来说就是随着负载的上升响应时间会同样上升，而资源利用率达到满负载的时候，TPS 就达到最高不变了。

恋恋：听起来比较理想，那后面的羊饿得不行了，冲进来吃草不行吗？

云云：这就是前面说的资源利用的问题了，在这个模型里面假设资源已经最合理分配了，所以后面的羊就饿死了。

恋恋：那么这个实例对我做性能分析有什么用呢？

云云：这就是分析模型，系统的资源总是有限的，在有限的资源下处理能力也是有限的，我们可以通过资源的瓶颈来看出资源对响应时间及 TPS 的影响关系，从而帮助我们判断系统的性能状态。现在流行说性能可视化其实也是同样的道理。

恋恋：性能可视化是什么？

云云：就是你的资源管理器，可以图形化的方式看到系统资源的大小，你想，如果以后有个手环能记录你的运动能力，你跑步它就告诉你，你现在这个速度还能跑多少步，是不是就非常便于你调优了？

恋恋：是不是还能记录我还能吃多少才不胖？

云云：这个其实也有，因为只要你知道食物的卡路里就行了。

恋恋：虽然大概知道这个分析模型是什么东西，但是还是不会用。

云云：以后多用就知道了，因为本质上的慢，就是某一个东西产生了瓶颈，这个瓶颈会导致处理能力不会上升了，而队列又会导致响应时间变长，解决的方法就是及时定位到瓶颈点。

恋恋：要么加大资源，要么调整瓶颈点的机制，比如不要让一只羊独占吃草，完全可以3只羊每人吃5分钟，轮流吃，这样就不会饿死了对吧？

云云：嗯，要么增加几块草坪，要么做轮牧，想法很好，但是你考虑过换羊吃草也要浪费时间的问题吗，你轮牧的越多，浪费的就越多，最后每只羊都吃不到草，全部都会饿死。

恋恋：嗯，所以要有一个好的排队机制，说到这个，使我想起出海关的时候那个安检了，大家都排队堵着做安检。

云云：所以监控发现太浪费时间了，于是就不安检了，道理是一样的。还有规定高速公路收费站排队超过多少米不收费啊！

恋恋：嗯，那么这个模型我懂了，还有别的吗？

云云：还有个模型我叫做"外科手术医生模型"，对你我还是叫做"美美狗模型"。

恋恋：那么美美狗模型是什么呢？

云云：我记得美美狗以前踢足球的。

恋恋：是啊，以前我可是女子足球队的。

云云：那么为什么你后面没踢球了呢。

恋恋：现实情况不允许。

云云：那么你现在想做什么呢？

恋恋：认真工作。

云云：还有呢？

恋恋：开个小店做甜品。

云云：正是这些东西让你充实，因为你有追求。

恋恋：那么这个和美美狗模型有什么关系？

云云：每个人都有自己的人生，受到你遇到的人及经历的事情的影响，因此有些人事业成功，有些人平凡朴素。你觉得什么是成功呢？

恋恋：这个说起来很复杂了，传统的指是有钱有地位，但是我觉得这不是成功。

云云：嗯，你觉得成功是什么？

恋恋：把"呆羊"的情商提高！你呢？

云云：做自己想做的，并且努力做好。

恋恋：认真的云云最帅了。

云云：你还记得那句话：不要让孩子输在起跑线上么？

恋恋：记得啊，那就是广告么，然后大家就让孩子学习许多课程，确实也有一定的效果。

云云：但我们小时候也没这些东西啊，也没有失败呢？

恋恋：也许可以更成功呢？

云云：我小时也能背很多唐诗、数学总拿第一名，但是最后混得也没以前的小朋友混得好啊。

恋恋：所以需要机遇啊！

云云：所以，在美美狗模型中有两层概念，第一层概念是，什么是好的？好是一个主观的概念，需要根据具体的需要来制订，是家财万贯还是邻里和睦。第二层概念是任何事情都是一个过程，部分过程的好不代表结局的好。

恋恋：为什么又是那么空洞的东西？

云云：在性能测试中，好是相对的概念。比如响应时间快也许会消耗很多资源，而为了节约资源而影响最终的用户体验效果，就得不偿失。就好比为什么有人买奢侈品一样，目的是为了让别人一眼看得出来，从而有品牌的观念。

恋恋：上升高度了，性能测试和价值观相结合。

云云：在第二层中强调了过程，开始好未必结局好，说是抽烟有害健康，抽了没事的也很多。

恋恋：那么你想说明什么？

云云：在性能方面需要注意的就是，性能测试出来的结果未必是最好的，因为在不同的负载下处理能力会有波动，怎么让用户真实负载的处理能力最强才是关键的。

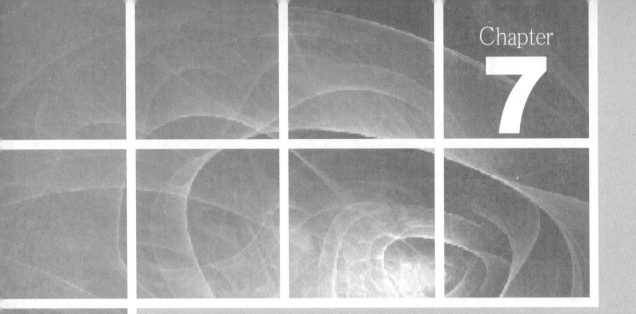

第七天

7.1　前端开发基础

云云：最后一天，还是要回到开发上面来。

恋恋：啊，还是要有开发基础啊，你不是说做性能测试可以不用怎么懂开发吗？

云云：对，其实性能测试所需要的都是开发基础，不强调怎么具体去实现，而是了解其实现的原理。

恋恋：那么要学那些基础呢？

云云：首先，如你前面已经学过一点关于 C 语言的编程基础。其次你需要了解一下的一些其他的基础技术。

（1）前端技术（HTML、JavaScript、CSS）。

（2）后端技术（PHP、Java、Nodejs 等）。

（3）运维和 OS 技术（Linux、Shell、Python 等）。

（4）数据库技术（Oracle、MySQL、NoSQL）。

（5）平台技术（Apache、Nginx、Redis、Memcache 等）。

恋恋：那么多东西怎么学得过来？

云云：其实每种技术懂其中的一项就行了，本质上它们差别并不是那么大，而且你现在还是面试性能测试工程师，还没有到架构级别，不需要你懂那么多。

恋恋：那么我该怎么学呢？

云云：从最简单的入手，理解道理就行了，比如我就推荐你学 HTML+CSS+JavaScript+Linux+Apache+PHP+MySQL（Oracle）这套架构。

恋恋：那快教我！

云云：我把这些知识的最简单道理给你写一下，剩下的就是自己照着做一遍，然后网上搜索一下，把这些知识连贯一下。

恋恋：好吧。

HTML 基础

云云：首先来讲一下 HTML 基础，也就是你看到的页面本身。

恋恋：这个我大概知道。

云云：你知道什吗？

恋恋：HTML 就是标记语言吧，不就是一些标签吗？

云云：虽然说道理是这样，但是你需要确保知道 HTML 的常见标签和产生协议的关键。

恋恋：你还是说一下吧，我就当温习了。

云云：最基本的结构无非是<html><head></head><body></body></html>作为主体，在里

面能产生请求的有两个，一个是<a href="链接地址">链接文本</a>这种超链接，还有一个是<form action="请求指向地址"></form>这样的表单。

恋恋：除了 HTML 这两个标签能产生请求外还有别的吗？

云云：JavaScript 能做的东西就更多了，后面会讲 JS（JavaScript 简写）是可以拦截 Form 表单提交，然后重新操作的。

恋恋：就这么简单？

云云：这样吧，你写一个带表单提交的 HTML 页面，做一个基本超链接和一个图片，表单写两种 GET 和 POST。

恋恋：我能去查一下相关文档吗？

云云：当然可以，背语法是没有意义的，你可以参考。

（恋恋开始认真地编写代码）

恋恋：这样写你看行吗？

```html
<html>
    <head>
    </head>
    <body>
        <a href="http://yuedu.baidu.com/ebook/e7d9aeb1f111f18583d05ae2">Loadrunner11 七天速
        成</a>
        <img src="http://hiphotos.baidu.com/doc/pic/item/3801213fb80e7bec9ffc98e8292eb93
        89b506b91.jpg">
        <form action="form_action.asp" method="get">
            <p>(GET)First name: <input type="text" name="fname" /></p>
            <input type="submit" value="Submit" />
        </form>
        <form action="form_action.asp" method="post">
            <p>(POST)First name: <input type="text" name="fname" /></p>
            <input type="submit" value="Submit" />
        </form>
    </body>
</html>
```

云云：够了，有 GET 和 POST 的 Form，还有超链接和图片。那么接着我问你，访问这个页面会产生几个请求，单击 GET 表单、POST 表单和超链接有什么区别？

恋恋：这个问题我没怎么考虑过，目的不就是为了实现吗？

云云：这就是我说的，其实你不用有很专业的开发知识，但是需要了解其道理的原因了。在你的 Chrome 浏览器上按 F12 键，再刷新一下页面看看。

恋恋：在 Network 下看到这个了，如图 7-1 所示。

云云：就是这个，这里你看有两个请求，一个是请求首页，还有一个是你首页内的外载图片。

恋恋：哦，这样就有两个请求了。

云云：你单击两个表单看看请求有什么区别，记得单击 Preserve log。

恋恋：是这样吗？如图 7-2 所示。

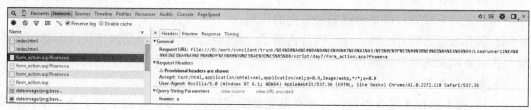

图 7-1

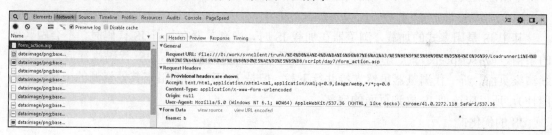

图 7-2

云云：你可以看到这里会有 3 个表单提交的请求，都是 GET 请求。

恋恋：我单击一个表单提交为什么是 3 个请求？

云云：可能是 Chrome 发现提交过去不存在，于是再自动试了两次吧，这样做可以在网速差的网络下提高效果。

恋恋：好吧，然后就是 POST 请求，如图 7-3 所示。

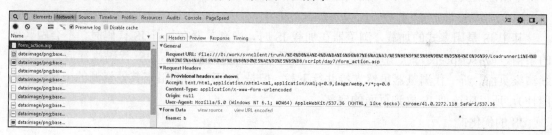

图 7-3

云云：嗯，这个就是 POST 请求了，有什么不一样？

恋恋：其实看起来差距真不算大，不过还是有点区别的，GET 请求貌似会出现在请求地址上，而 POST 不是。

云云：当然你还会看到请求的内容，因为 HTTP 是明文体系。对于一个普通页面来说，都是从服务器上下载下来的，对其进行浏览器解释（构建 DOM 结构），然后再根据解释进行渲染，解释的过程中会加载对应的资源文件，并且产生多次渲染。为了解释这个问题，我专门给你做一个解释：

一个 HTML 网页载入的大概过程：

（1）用户输入网址（假定是第一次访问），浏览器向服务器发出请求，服务器返回 HTML

文件。

（2）浏览器开始载入 HTML 代码，发现 head 标签内有一个 link 标签引用外部 CSS 文件。

（3）浏览器又发出 CSS 文件的请求，服务器返回这个 CSS 文件。

（4）浏览器继续载入<body>里面的代码，并且 CSS 代码已经拿到手了，开始渲染界面了。

（5）浏览器在代码中发现了一个<img>标签引用了一张图片，向服务器发出请求，浏览器不会等到图片下载完，而是继续渲染后面的代码。

（6）服务器返回图片文件，由于图片占据了一定面积，影响了后面的排版，因此浏览器需要回头重新渲染这部分代码。

（7）浏览器发现了一行 JS 代码的<script>的代码，赶快执行它。

（8）JS 脚本执行了这条语句，它命令浏览器隐藏掉某个<div>，由于少了一个元素，浏览器不得不重新渲染这部分代码。

（9）终于等到</html>的归来。

（10）等等，还没完。用户单击了一下界面中的换肤按钮，JS 让浏览器换了一下<link>的 CSS 标签。

（11）浏览器召集了在座的各位<div><span><ul><li>们，"大伙儿收拾收拾行李，咱得重新渲染页面……"，浏览器向服务器请求了新的 CSS 文件，重新渲染页面。

JS 的阻塞特性：

其中 JS 是阻塞式的加载，浏览器在加载 JS 时，当浏览器在执行 JS 代码时，不会做其他的事情，即<script>的每次出现都会让页面等待脚本的解析和执行，JS 代码执行后，才会继续渲染页面。新一代浏览器虽然支持并行下载。但是 JS 下载仍会阻塞其他资源的下载（比如图片），所以应该把 JS 放到页面的底部。

JS 的优化：

（1）要使用高效的选择器。

（2）将选择器保存为局部变量

（3）先操作再显示。

恋恋：这么复杂，有简单的方式吗？

云云：在 Chrome 的开发工具里面有个 TimeLine 功能可以跟踪到渲染时间，如图 7-4 所示。

恋恋：这样就够了吗？

云云：你知道怎么看问题就行了，至于怎么改，能懂最好，不能懂也关系不大。

恋恋：好吧，先做个笔记。

云云：接着先讲 CSS 基础。

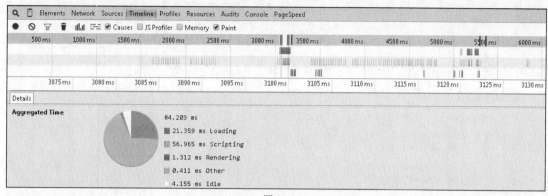

图 7-4

CSS 基础

云云：在 HTML 中需要对字体、颜色等进行设计，但是由于每一个标签可能都需要配置，如果直接在 HTML 中做，就会非常啰嗦和麻烦了，所以 CSS 就要用上了。

恋恋：CSS 就是"衣服"喽？

云云：可以这样说，CSS 可以定义自己的 ID 和选择器，简单来说就是要么你规定你穿阿玛尼的衬衫，要么你可以规定衣服必须都是 Ferragamo/菲拉格慕的。前者是你要在 HTML 写 ID，后者是通用的。

恋恋：那么我学这个干嘛。

云云：你需要知道怎么回事就行了，CSS 会影响渲染，会带来请求。

恋恋：那么接着我要……

云云：写一个外置的 CSS 文件，对超链接和提交按钮做 CSS 优化，为表单做个背景色。

恋恋：好吧，又要写东西了。

```html
<html>
  <head>
    <link rel="stylesheet" type="text/css" href="css.css">
  </head>
  <body>
    <a href="http://yuedu.baidu.com/ebook/e7d9aeb1f111f18583d05ae2">Loadrunner11 七天速成</a>
    <img src="http://hiphotos.baidu.com/doc/pic/item/3801213fb80e7bec9ffc98e8292eb9389b506b91.jpg">
    <div class="my1">测试</div>
    <form action="form_action.asp" method="get">
      <p>(GET)First name: <input type="text" name="fname" /></p>
      <input type="submit" value="Submit" />
    </form>
      <form action="form_action.asp" method="post">
      <br><br><br>
```

```
            <p>(POST)First name: <input type="text" name="fname" /></p>
            <input type="submit" value="Submit" />
        </form>
    </body>
</html>
```

对应的 CSS

```
a{
    text-align:center;color:#f00;
}
input{
    border:none; height:20px; width:100px;
    }
form{
    background:url(0.jpg)
}
.my1{
    color:#ffCC00;
}
```

云云：不错，都实现了，你现在再用 Chrome 抓一下请求。

恋恋：我看看有什么不一样，如图 7-5 所示。

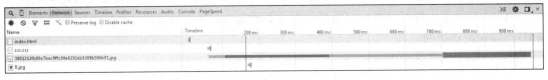

图 7-5

又多了 2 个请求吗？

云云：对，一个请求是 CSS 载入的请求，还有一个是 CSS 内载入图片背景的请求。注意在 LoadRunner 中，CSS 加载的请求是会被放在 EXTRARES 里面的，因为这个请求不是 HTML 页面直接加载进来的。

恋恋：好像有印象。

云云：CSS 会影响渲染和载入对象，你明白这个道理就行了，这里面也有可以优化的地方。

恋恋：可以优化什么呢？

云云：等讲完 JavaScript 一起说吧，这都是前端的问题。

JavaScript 基础

云云：简单来说 JavaScript 是运行在浏览器上的动态语言，它可以动态地处理程序。

恋恋：那么这个和性能有什么关系呢？

云云：你看到很多网站刷新后网页一片空白，或者刷新很慢，这基本上都是 JavaScript

的问题。

恋恋：那么我该懂什么呢？

云云：知道怎么运行和跟踪就行了，你知道 JavaScript 可以干什么就行了。JavaScript 的写法一般是这样的。

```
<script type="text/javascript">
        var browser=navigator.appName
varb_version=navigator.appVersion
var version=parseFloat(b_version)
document.write("浏览器名称: "+ browser)
document.write("<br/>")
document.write("浏览器版本: "+ version)
        </script>
```

你把这些放在代码里面试运行一下。

恋恋：我新建个 HTML 试试。

```
<html>
    <head>
    </head>
<body>
    <script type="text/javascript">
    var browser=navigator.appName
    varb_version=navigator.appVersion
    var version=parseFloat(b_version)
    document.write("浏览器名称: "+ browser)
    document.write("<br/>")
    document.write("浏览器版本: "+ version)
    </script>
</body>
</html>
```

为什么用 Chrome 浏览器看到的是

浏览器名称：Netscape

浏览器版本：5

啊？

云云：你换 IE 试试。

恋恋：换成 IE 就是这样了。

浏览器名称：Microsoft Internet Explorer

浏览器版本：4

云云：你可以看到 JavaScript 可以在浏览器上动态地实现内容，更高级的是可以操作元素，这次做一个外置的 JavaScript 函数库。

```
functionxsma(){
            varpwd=document.getElementById("pwd").value;
```

```
        document.getElementById("mima").innerHTML="<input type=\"text\" name=\
        "pwd\" id=\"pwd\" value="+pwd+"></input><a href=\"javascript:ycma()\">隐藏
        密码</a>";
    }

functionycma(){
        varpwd=document.getElementById("pwd").value;
        document.getElementById("mima").innerHTML="<input type=\"password\" name=\
        "pwd\" id=\"pwd\" value="+pwd+"></input><a href=\"javascript:xsma()\">显示
        密码</a>";
}
```

在这个函数库里面会首先获取 ID 为 pwd 的对象的值，然后对整个 mima 的内容做替换。
接着修改一下 HTML 的内容。

```
<html>
    <head>
        <script type="text/javascript">
            functionchecklen(){
                varlen=document.getElementById("username").value.length;
                if(len<3||len>6){
                //alert("用户名长度必须在 3-6 之间");
                document.getElementById("checklength").innerHTML='<font color="red">用户名
                长度必须在 3-6 之间</font>';
                return false;
                }
                else{
                document.getElementById("checklength").innerHTML='';
                    return true;
                }
            }
        </script>


        <script type="text/javascript" src="mima.js">
        </script>
    </head>


<style type="text/css">
        input.a {width:200px}
</style>
<body>
    <br>
    <form action="login.php" method="POST">
        <table>
            <tr>
                <td>用户名: </td>
                <td>
                    <input class="a" type="text" name="username" id="username" onblur=
```

```
                       "checklen();"></input>
                <span id="checklength"></span>
            </td>
        </tr>

        <tr>
            <td>密码: </td>
            <td>
              <span id="mima">
              <input class="a" type="password" name="pwd" id="pwd"></input>
              <a href="javascript:xsma()">显示密码</a>
             </span>
            </td>
        </tr>

        <tr>
            <td>
              <input type="submit" value="登录"></input>
            </td>
            <td>
              <input type="reset" value="重置"></input>
            </td>
        </tr>
    </table>
  </form>
  <br>
  <a href="zhuce.html">注册新用户</a>
  </body>
</html>
```

恋恋: 运行之后, 单击一下网页就会变, 而且这个过程没有请求。

云云: 所以在有些操作中, 其实看起来好像页面变了, 但是未必会有请求, 这都是因为 JavaScript 做了一些事情, 而更厉害的是 JavaScript 可以对发送给服务器的内容做操作。

恋恋: 不明白。

云云: 我说过发送表单都是明文的对吧, 因为是 HTTP 请求。

恋恋: 是啊。

云云: 这样就很不安全, 别人很容易就可以获取到你发送出去的内容了, 所以一般都会在客户端上做一层加密的事情。

恋恋: 怎么做呢?

云云: 这里我调用一个 MD5 的 JavaScript 函数库, 然后通过 JavaScript 来做表单提交就行了

```
<html>
    <head>
        <script type="text/javascript" src="md5.js">
        </script>
```

```
    </head>
    <script language="javascript">
        functionjiami(){
        varpwd=hex_md5(document.getElementById("pwd").value);
        document.getElementById("pwd").value=pwd;
        this.form.submit(); //提交表单
        }
    </script>

    <style type="text/css">
            input.a {width:200px}
    </style>
    <body>
        <br>
        <form action="login.php" method="POST">
            <table>
                <tr>
                    <td>用户名: </td>
                    <td>
                        <input class="a" type="text" name="username" id="username"></input>
                        <span id="checklength"></span>
                    </td>
                </tr>

                <tr>
                    <td>密码: </td>
                    <td>
                        <input class="a" type="password" name="pwd" id="pwd"></input>
                    </td>
                </tr>

                <tr>
                    <td>
                        <input type="submit" onClick="jiami()" value="登录"></input>
                    </td>
                    <td>
                        <input type="reset" value="重置"></input>
                    </td>
                </tr>
            </table>
        </form>
    </body>
</html>
```

运行下代码看看。

恋恋：你这个是单击按钮触发 JavaScript，然后获取属性值再做 MD5 加密返回，最终提交吗？

云云：对，是不是发现发送出去的内容和你填在密码框里面的内容不同了？

恋恋：对，发送出去的就是加密串了，如图 7-6 所示。

图 7-6

云云：这就是说，你了解 JavaScript 并不是关于它怎么运行的一些细节，而是需要知道它能做什么。在这里，我需要你明白的是，有些东西你看到的和发给服务器的不一定一样，这也是为什么有些脚本不是你填了什么，LoadRunner 里面一定就会有这个。

恋恋：嗯，我听你经常说这类问题，每次有人问到你，你就说业务都不懂怎么做脚本。

云云：很多人在不知道到底这个数据流怎么走，就直接开始录制脚本，然后看不懂脚本里面的数据，特别不是自己输入的，然后在参数化和关联上就开始乱弄了。

恋恋：好像大多数网站提交用户名的时候密码都没在客户端做加密啊。

云云：对，所以别人要偷密码很容易，因为明文的内容就走过了整个互联网设备。好了，到这里为止前端的一些开发基础就讲完了，前端的性能通常会影响 30% 以上的整体事务响应时间，所以现在前端优化很热门，你想更多了解就去看看《高性能网站建设》这本书。

恋恋：嗯。

7.2　后端开发基础

云云:有了前端的基础，你知道大概 UI 的操作怎么会生成数据发给后台就行了。

恋恋：那么手机端和那种 C/S 架构呢？

云云：其实本质是一样的，你用 VS（Visual Studio，简写）或者 Eclipse 写个对应的客户端应用，你就发现本质上也不过就是一个客户端生成一种数据结构发给服务器。

恋恋：但是好像用的是别的协议啊！

云云：首先，大多数都是 HTTP，因为方便，其次，复杂的你现在也搞不懂。

恋恋：好吧，会 HTTP 就够跳槽了吗？

云云：话不能这样说，但是你 HTTP 够熟悉了，基本可以解决所有问题了。

PHP 基础

云云：其实说 Java 和 PHP 都差不多，但是我更喜欢说 PHP，它简单透明。

恋恋：前面测试的对象不都是 PHP 吗？

云云：PHP 在各个情况下都能很好地工作，非常适合做前面第一层后台，而 Java 适合写后面很复杂的一些模块处理。所以你看 FaceBook 都也是用 PHP 开发的。

恋恋：那么 PHP 要学什么呢？

云云：基本语法你都不需要会，只要会写这点东西就行了。

```php
<?php
$Http_Get=$_GET['get_param'];
$Http_Post=$_POST['post_param'];
echo $Http_Get;
echo $Http_Post;
echo md5($Http_Get);

?>
```

由于 PHP 是动态执行语言，所以这个东西需要一个 PHP 模块来负责解析，简单说就是，你的请求从本地页面发送到 Web 服务器，Web 服务器会动态解析这个语言生成 HTML，然后返回给客户端。

恋恋：不懂，这个代码我也看不懂。

云云：好吧，我再给你写个入门的。

```php
<?php
echo '<b>this is php echo html';
?>
```

运行一下吧，记得要放到 Web 服务器的对应发布目录下去，就是第一天装环境的目录下。

恋恋：让我运行下试试，有一个字符串。

云云：你看看这个页面的源代码，能不能明白道理了。本质上就是一个动态语言输出了一个 HTML 的内容，然后被发送到浏览器解释了。

恋恋：那么让我看看前面的那个 PHP 怎么用。

云云：用的话需要配合点东西，因为这里涉及 GET 和 POST 请求，我再给你写个 HTML 来调用。

```html
<a href='http.php?get_param=cloudits'>GET 请求处理</a>
<form action="http.php" method="post">
    <input name="post_param" type="text" id="username">
    <input type="submit" name="Submit" value="Submit">
</form>
```

恋恋：我看懂了，一个是 GET 请求带参数的，一个是 POST 请求。

云云：运行看看吧，有什么效果。

恋恋：我先单击一下链接看看 GET，为什么出错了，如图 7-7 所示。

```
( ! )  Notice: Undefined index: post_param in C:\wamp\www\day7\http.php on line 3
```

Call Stack			
#	Time	Memory	Function	Location
1	0.0125	371416	{main}( )	..\http.php:0

cloudits6bc3a4bed8500dd4775ff6159c2a8949

图 7-7

云云：这里先不说错误，你可以看到你传递过去的 cloudits 是不是被回写了，然后对应的 MD5 也出来了。

恋恋：服务器已经收到这个东西，然后做了自己的处理，那么出错是为什么？

云云：第三行做了一个 POST 的请求获取，但是提交过来的时候是没有这个参数的，所以就出现了空错误，我们这就暂时不纠结这类问题了，明白道理就行了，你再试试 POST 表单。

恋恋：让我试试输入，确实是这个错误，如图 7-8 所示。

```
( ! )  Notice: Undefined index: get_param in C:\wamp\www\day7\http.php on line 2
```

Call Stack			
#	Time	Memory	Function	Location
1	0.0011	372864	{main}( )	..\http.php:0

dabendand41d8cd98f00b204e9800998ecf8427e

图 7-8

云云：在 HTML 上能发给服务器数据的只有 GET 和 POST 这两种形式，这里你可以看到 POST 提交的内容被服务器收到了回写，而空白的 GET 被 MD5 加密出来。而在 PHP 上可以继续做数据写入数据库，所有的业务就这样完成了。

恋恋：让我想一下，请求发给 PHP，PHP 交给数据库，数据库返回内容，PHP 解析再生成 HTML，最终显示给浏览器？

云云：对，其实你明白这个道理就行了，如果你需要调优 PHP，那么去看看 x_debug 就差不多了，PHP 能调优的东西其实并不是很多。

恋恋：这就完了？

云云：知道怎么回事很容易，要深入掌握很难，没有几年琢磨不透。我再给你写个查询数据库的，你看懂了就行了。

```
<html>
<title>
    缺陷明细
</title>
<body>
<?php
    $id=$_GET['id'];
    $conn=mysql_connect ("127.0.0.1", "root", "");
    mysql_select_db("cloudits");
```

```php
$exec="select * from defect where id=".$id;
echo $exec;
$result=mysql_query($exec);
$rs=mysqi_fetch_object($result)
?>

<table border="2">
    <tr>
        <td>缺陷编号
        </td>
        <td>
            <?php echo $rs->id; ?>
        </td>
    </tr>
    <tr>
        <td>缺陷标题
        </td>
        <td>
            <?php echo $rs->title; ?>
        </td>
    </tr>
    <tr>
        <td>严重级别
        </td>
        <td>
            <?php echo $rs->sv; ?>
        </td>
    </tr>
        <tr>
        <td>状态
        </td>
        <td>
            <?php echo $rs->st; ?>
        </td>
    </tr>
        <tr>
        <td>详细信息
        </td>
        <td>
            <?php echo $rs->detail; ?>
        </td>
    </tr>
    </tr>
        <tr>
        <td>创建人
        </td>
        <td>
```

```
                <?php echo $rs->create; ?>
            </td>
        </tr>
    </table>
</body>
</html>
```

恋恋：这样一看很简单啊，就是写个 SQL 语句变量，然后从数据库就查出来了，后面就是写 HTML 吗？

云云：很多东西你知道怎么回事了，就是那么简单。

恋恋：是不是最后还要讲一下数据库？

云云：对。

数据库基础

云云：从某个角度来说，我觉得数据库内容太多了。

恋恋：但是我知道数据库很重要啊。

云云：我想想怎么给你铺个底吧。首先数据库是存储内容的，你从开发角度需要懂常见的 SQL 怎么写，然后涉及一些数据库的扩展实现，例如（游标、存储过程、索引、视图、触发器、函数、事务、锁）等。

恋恋：其实我以前大概学过，就是忘得差不多了。

云云：在数据库处理上和开发优化的地方有些不一样，开发的优化在于算法或者内存分配。而数据库的关键是如何减少查询代价，所以你必须要懂执行计划是什么！

恋恋：什么是执行计划呢？

云云：在你用 x_debug 的时候你就可以看到代码互相调用的逻辑关系及相关事件，如图 7-9 所示。

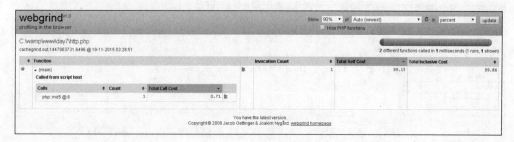

图 7-9

通过远程调试的 webgrind 工具你可以看到前面访问 GET 请求时产生的调用及代价，主要都是浪费在 MD5 函数上。

恋恋：等等，你怎么把这个东西弄出来的？

云云：这个说起来麻烦了，你自己要会配置 x_debug 和 webgrind，反正到了公司这东西配置好了，你直接用就行了。

恋恋：也行。

云云：对，本来这些东西就是运维做的，我让你知道的是，为了面试可以说点别人不懂的。

恋恋：哎，面试好可怕。

云云：接着说数据库，你需要知道执行计划的目的就是了解 SQL 是怎么在数据库上运行起来的。

恋恋：我不知道啊。

云云：简单来说无非就是执行，然后数据库自动优化，然后去查找记录，把它们算出来发给你。但是，在这个过程中关键是命中率及内存化的问题。

恋恋：听不懂。

云云：再简单点来说就是，查询要尽量查询在内存里面的东西，A 查了东西会被放在内存，B 来查的时候要用 A 查询的结果继续查，这样性能就比较好。其次查东西还需要走索引，就是查询要排序，就像字典里的索引一样，查阅起来快。

恋恋：我能这样理解吗？你要出差我就把东西按规律放到你的箱子里，你要找东西就能很容易从箱子里找到？

云云：聪明，就是这个意思，这样效率就高了，别的还有很多，但是对你这个级别不太适合，你只要会写点基本的 SQL 就行了，然后知道看执行计划，知道代价是多少就行了，如图 7-10 所示！

这是我在 Oracle 上用 PL/SQL Developer 做的 SQL 执行计划跟踪，你可以看到每次操作的代价。

恋恋：怎么你什么东西都有啊，开个虚拟机就有 Oracle 和相关的东西。

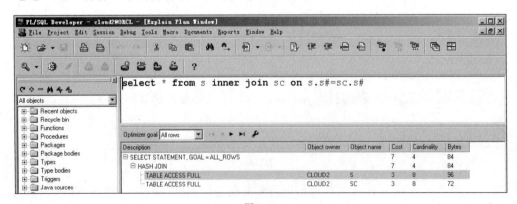

图 7-10

云云：做性能测试很繁琐的，你需要懂的东西非常多，每次搭建环境都很麻烦。

恋恋：对了，遇到 MySQL 怎么办呢？

云云：处理 MySQL 你知道 Show Profiles 这个命令就行了，处理 Oracle 你知道执行计划和 AWR 就行了。都是可以看到具体内容的，然后根据结果做分析。

恋恋：那么这就搞定了？

云云：本质上还要说 Java 关于 JVM 管理，及 Tomcat 配置等，但是这个不现实，大概知道这些就够了，关键是你的思路和眼界要宽。

7.3　简历和面试

云云：最后要讲讲简历和面试了。

恋恋：我还没写简历呢。

云云：首先在写简历前我还是要强调一下不要做假，你就是新手，没必要写你不会的东西，写清楚你会什么就行了，作为一个初级性能测试工程师，你只要会前面我给你说的东西就足够了，因为你大概能给个结果告诉别人到底系统满足性能需求。

恋恋：这个我知道，我现在不知道怎么写性能测试的简历内容。

云云：如果你没做过真实的性能测试项目，你简历上基本上写不出来什么内容，实践过一个项目对写简历是很重要的。但是简历的内容还是可以根据前面的思路写出来。

恋恋：简历上的技能写什么呢？

云云：在我前 6 天里面所介绍的内容覆盖了以下几点，你可以考虑写上。

（1）基本的 LoadRunner 使用，能够开发简单的脚本，了解性能测试工具工作原理。

（2）有一定的性能需求分析意识，能够完成性能测试实施工作。

（3）了解前端及后端的开发基础及分析调优概念。

你最好有 1~2 个项目经验，这样人家才相信你是做过测试的，且内容不是编的。

恋恋：我确实没做过怎么办？

云云：很简单啊，前面几天我给你讲的东西你理解透彻了吗？

恋恋：就这样几个性能测试也算啊？

云云：其实有些性能测试本身方案就很简单，不是你想的那么复杂，首先你必须要能够彻底明白为什么这样做，而不是只会模仿。其次你要把你公司以前做过的项目，自己独力地进行性能测一遍，至少写的脚本能把关键业务运行通。关于项目经验你需要突出几点。

（1）这个项目背景是什么。

（2）这个项目的性能测试目标是什么。

（3）这个项目你怎么测的，脚本怎么开发的。

（4）这个项目最后发现了什么问题，怎么定位调优的。

恋恋：我以前工作的项目也要这样做一遍吗？

云云：这是必须的，虽然是 7 天让你知道你该会什么，但是你真地能学会什么不是那么简单的，你还需要针对把你以前学的东西融会贯通。

恋恋：虽然很难，但是我觉得我可以搞定。

云云：你的整体思路和基础是有的，其实一些技术细节并不重要，因为遇到问题通过网络查询解决就行了，若方向不对没人帮得了你。

恋恋：让我好好想一下吧，这个东西还确实挺难写的。

（几分钟后）

恋恋：还有个问题啊，以前的项目性能瓶颈是什么啊，我知道这个系统不做负载都慢，但是我怎么写出这个项目瓶颈在哪里呢？

云云：说实话，你现在遇到的项目中 90%的性能瓶颈都是数据库上的查询没有用索引，还有 8%是一些服务应用的配置有问题，剩下 2%可能才是一些麻烦点，如设计的问题。也就是说你可以最后都赖到数据库的问题上！

恋恋：这怎么行啊，我真地不知道是数据库问题啊。

云云：90%的 Bug 都是开发写代码逻辑有问题，你认可吗？

恋恋：仔细想想还真都是这么回事，剩下都是需求问题？

云云：所以我告诉你了答案，但是这个答案并不是你自己得出的。

恋恋：好吧，那么我知道了答案，我可以写，别人会问出来的啊。

云云：这就是为什么我告诉你数据库上的瓶颈是怎么回事，怎么去看的问题了。如果你知道这个思路，小问题都能摆平了。你现在就能够解决最基本的问题，深入的问题还没到你来处理的地步，但是总要有人做基础事情的。你说功能测试执行一个测试用例，需要你懂什么？

恋恋：嗯，设计是有高手做的，执行的时候其实你并不知道为什么要这样做，但是只要知道这样做就能验证，并且给出结论就行了。

云云：对，有时候我们把某些工作看得太复杂，都是我们自己搞的，最后搞得四不像，有点浪费时间。

恋恋：嗯，给我点时间我写一个简历出来请您过目。

云云：嗯，我去看看日本游的计划安排，要准备出去玩了。

恋恋：旅游攻略都是我做的，你什么都不会干。

云云：所以你是设计的，我只要执行就行啦。

恋恋：交作业喽。

恋恋的简历

姓名：恋恋　年龄：×× 毕业学校：×××××××

求职意向：性能测试初级工程师

能力：

（1）基本的 LoadRunner 使用，能够开发简单的脚本，了解性能测试工具工作原理。

（2）有一定的性能需求分析意识，能够完成性能测试实施工作。

（3）了解前端及后端的开发基础及分析调优概念。

（4）8 年功能测试，熟悉测试流程、各种常见方法，有用例设计能力。

（5）有一定的 C 语言基础、Java 基础，能够编写简单的代码。

（6）对前端技术 HTML、CSS、JavaScript 有简单了解。

（7）有 MySQL、Oracle 使用经验，能够编写简单的 SQL 语句。

项目经验

1．项目××××

本项目是一个×××的系统，主要解决×××问题。

本人在项目中主要负责测试管理用例设计的工作并负责系统性能测试。其中覆盖性能需求分析整理，性能测试方案制定及性能测试报告编写，协助调优工作。

2．项目××××

本项目是一个×××的系统，主要解决×××问题。

本人在项目中主要负责团队管理和性能测试。主要使用 LoadRunner 进行测试脚本开发、负载数据收集及报告编写。

云云：嗯，大概是这个意思，当然你还要用心再写细点。

恋恋：怎么写啊？

云云：简历这个东西只能自己写，自己琢磨，参考是没有用的，我的简历上项目那么多，就不用多说了，你项目少就要想清楚怎么阐述你会的技能。

恋恋：我也知道，再琢磨一下吧。

云云：最后要给你简单说一下面试的时候要注意的事情。

恋恋：什么技巧？

云云：分析思路大于一切。

恋恋：怎么说？

云云：我问你怎么讨女孩子喜欢？

恋恋：投其所好啊。

云云：所以你回答的就是一个大思路的问题，没有回答具体技术细节，因为细节技术含量不高，但是不懂的人缺喜欢问，你懂这个意思吗？

恋恋：你不是就会问怎么才能投其所好吗？

云云：我不懂就会觉得买花或者买什么给女孩子就行了，其实本质上是做不做是态度问题，做不做得好是能力问题。

恋恋：哎哟，把我的至理名言又翻出来了。

云云：在面试的时候，一般都讲的是能力，而不是态度。其实能力都可以学，没什么难的，态度才是最可怕的，比如你认真能坚持 7 天听我给你讲那么多知识下来，这点就是态度合格了。

恋恋：那么如果人家问我能力问题怎么办？

云云：你知道什么就说什么，记得我给你说的思路，告诉别人你知道这点，然后具体的问题解决用百度搜索就行了，再说你还有我，真的你没思路的时候，我会帮你的。

完

本故事纯属虚构，如有雷同纯属巧合

番外篇

恋恋：哎，今天去一家公司面试被问了一个问题，我觉得被打击了。

云云：啥问题？我觉得该讲的都讲了啊？

恋恋：人家问我如果有一个项目给你测试，你应该如何设计场景？

云云：你怎么回答的呢？

恋恋：我就根据你说的：先分析需求，然后设计一个负载趋势，再后根据"羊咩咩"模型来看瓶颈点在哪里！

云云：没啥大问题啊，那么面试官怎么找问题的呢？

恋恋：面试官就说，你这个是一个定位的方式，那么整体的场景设计方案应该怎么样呢？比如应该先设计什么场景，再设计什么场景，设定不同的目标。然后我就不知道后面在说啥了！

云云：这样啊！我懂了，看来还要给你补一个课！

恋恋：起立，老师好！

云云：同学们好！

恋恋：坐下。

性能场景设计

云云：最近学校要评选三好学生了，大家可以推荐啊。

恋恋：我推荐恋恋同学作为"班花"！

云云：为什么呢？

恋恋：因为恋恋同学不但人长得好看、学习还好、又会烧好吃的饭，把家里的人照顾得好，这样的不做三好学生谁能做。

云云：哎哟，真的有这么好啊，光说不行，为师要测一下。

恋恋：看你有什么能耐？

云云：既然你诚心诚意地问，我就告诉你，为了维护世界的和平！为了防止世界被破坏！就是这样……

恋恋：你能正常点么？

云云：三好学生的评比应该从多个维度来衡量的，不能简单地根据一个最终的考试成绩来决定，所以我制订了一个评判方案。

（1）看平时表现，就是在平时是不是经常乐于助人，每个月的好人好事是不是稳定在两件以上。

（2）看关键业务，在每次重大考试的时候是不是都能保持稳定第一。

（3）看异常，在各种大强度考试下是不是能正常控制情绪。

（4）看规则，在无法完成任务的情况下，是否能够合理地规划完成那些任务和放弃那些任务。

恋恋：听起来蛮有道理的，不过这个评比和面试有啥关系呢？

云云：回归正题，在性能测试的时候也和上面的情况一样，"羊咩咩"模型也只是针对在线系统评估性能指标的一种方式，就好比三好学生看考试成绩，但是，在大规模系统中只看一个指标这是不够的。

恋恋：恩，继续讲。

云云：所以，在一些大型企业中就会有以下几个过程。

（1）用一个用户做负载看波动，就是长时间串行只跑一个用户，检查响应时间是否稳定，系统是否存在资源泄露，记录理论性能基准值。

（2）用一个负载来看 TPS/RT 等性能指标，根据需求设计一个负载量，观察负载上升时对应指标的关系，这个就和我们"羊咩咩"模型差不多。

（3）用一种场景来判断整体，将整个系统整合，给出一定的数据量及环境等比缩放，来评估测试环境与生产环境的比例关系。

（4）用足够数据来进行长时间稳定性、可靠性测试，根据日志分析系统稳定性。

（5）用超出正常情况很多的负载来测试系统在极限情况下的工作情况，主要验证基本的流控超时策略。

（6）对关键业务和异常情况进行模拟测试，判断系统关键业务及容错情况。

恋恋：这么多啊？

云云：大概就是通过这几步来分别评估系统，有点像从单元到集成到系统的概念。对了，你去面试的是什么公司啊？

恋恋：一家银行！

云云：怪不得呢，银行对于性能这块的规范很严格。

恋恋：哈，下次去面试之前还是应该先做做功课的。

云云：那是必须的！

欢迎来到异步社区！

异步社区的来历

异步社区（www.epubit.com.cn）是人民邮电出版社旗下 IT 专业图书旗舰社区，于 2015 年 8 月上线运营。

异步社区依托于人民邮电出版社 20 余年的 IT 专业优质出版资源和编辑策划团队，打造传统出版与电子出版和自出版结合、纸质书与电子书结合、传统印刷与 POD 按需印刷结合的出版平台，提供最新技术资讯，为作者和读者打造交流互动的平台。

社区里都有什么？

购买图书

我们出版的图书涵盖主流 IT 技术，在编程语言、Web 技术、数据科学等领域有众多经典畅销图书。社区现已上线图书 1000 余种，电子书 400 多种，部分新书实现纸书、电子书同步出版。我们还会定期发布新书书讯。

下载资源

社区内提供随书附赠的资源，如书中的案例或程序源代码。

另外，社区还提供了大量的免费电子书，只要注册成为社区用户就可以免费下载。

与作译者互动

很多图书的作译者已经入驻社区，您可以关注他们，咨询技术问题；可以阅读不断更新的技术文章，听作译者和编辑畅聊好书背后有趣的故事；还可以参与社区的作者访谈栏目，向您关注的作者提出采访题目。

灵活优惠的购书

您可以方便地下单购买纸质图书或电子图书，纸质图书直接从人民邮电出版社书库发货，电子书提供多种阅读格式。

对于重磅新书，社区提供预售和新书首发服务，用户可以第一时间买到心仪的新书。

用户帐户中的积分可以用于购书优惠。100 积分 =1 元，购买图书时，在 ⌄ 使用积分 里填入可使用的积分数值，即可扣减相应金额。

纸电图书组合购买

社区独家提供纸质图书和电子书组合购买方式，价格优惠，一次购买，多种阅读选择。

社区里还可以做什么？

提交勘误

您可以在图书页面下方提交勘误，每条勘误被确认后可以获得100积分。热心勘误的读者还有机会参与书稿的审校和翻译工作。

写作

社区提供基于 Markdown 的写作环境，喜欢写作的您可以在此一试身手，在社区里分享您的技术心得和读书体会，更可以体验自出版的乐趣，轻松实现出版的梦想。

如果成为社区认证作译者，还可以享受异步社区提供的作者专享特色服务。

会议活动早知道

您可以掌握 IT 圈的技术会议资讯，更有机会免费获赠大会门票。

加入异步

扫描任意二维码都能找到我们：

异步社区	微信服务号	微信订阅号	官方微博	QQ 群：368449889

社区网址：www.epubit.com.cn

投稿 & 咨询：contact@epubit.com.cn